许林英 等 主编

蚕豆和豌豆
高效种植新技术

中国农业出版社
农村读物出版社
北 京

图书在版编目（CIP）数据

蚕豆和豌豆高效种植新技术 / 许林英等主编.

北京：中国农业出版社，2024.11(2025.7重印). -- ISBN 978-7-109-32640-8

Ⅰ. S643

中国国家版本馆 CIP 数据核字第 2024RT8758 号

蚕豆和豌豆高效种植新技术

CANDOU HE WANDOU GAOXIAO ZHONGZHI XINJISHU

中国农业出版社出版

地址：北京市朝阳区麦子店街 18 号楼

邮编：100125

责任编辑：冀　刚　冯英华

版式设计：王　晨　　责任校对：吴丽婷

印刷：中农印务有限公司

版次：2024 年 11 月第 1 版

印次：2025 年 7 月北京第 2 次印刷

发行：新华书店北京发行所

开本：850mm×1168mm　1/32

印张：6.75

字数：175 千字

定价：38.00 元

编者名单

主　编：许林英　　汪少敏　　张泉锋　　刘荣杰

副主编：史努益　　谢冲聪　　张怀杰　　陈江辉

　　　　范东恩　　张志明　　张佳丽　　陈剑峰

　　　　张维玲　　胡　伋　　李　韵

前 言 FOREWORD //////////

作为重要的冷季豆类作物，蚕豆和豌豆在我国食用豆作物生产中的种植面积和总产量均位于前列，种植地域广阔。据统计，我国蚕豆面积 101.4 万公顷、豌豆面积 113.1 万公顷，分别占世界蚕豆和豌豆总面积的 45.7％和 15.7％，居第一位和第二位。根据蚕豆和豌豆的生产用途，又分为以食用籽粒与籽粒加工的干蚕豆和干豌豆，以食用嫩荚、嫩籽粒以及茎尖的青蚕豆和青豌豆。蚕豆和豌豆适应冷凉气候、多种土地条件和干旱环境，蚕豆还有生物固氮之王的美誉。

浙江属于蚕豆和豌豆秋播种植区，长江中下游亚区，属亚热带季风气候，季风显著，四季分明，夏季高温多雨，冬季晴冷少雨，年平均气温为 15～18℃。蚕豆和豌豆秋播夏收，生长季节较长，全生育期在 200 天左右。秋播蚕豆全生育期的温度变幅曲线为 V 形，在冬季和初春有一个低温过程，但一般 1 月平均气温都在 0℃以上，极端最低气温通常不低于 −10℃，蚕豆在低温条件下通过春化阶段。2023 年，浙江蚕豆种植面积为 40.29 万亩，豌豆种植面积为 16.72 万亩。主要分布于丽水、宁波和绍兴，其他各地均有零星种植，均以鲜食嫩荚、嫩籽粒以及茎尖为主。浙江露地蚕豆和豌豆最适播种时间为霜降前后，蚕豆供应时间为 4 月底至 5 月上中旬，豌豆供应时间为 4 月上中旬。生产季节的相对集中和栽培方式的单一，严重制约着蚕豆和豌豆产业的发展。为进一步加强对蚕豆和豌豆生产的理论与实践指导，本书编写团队从实际出发，针对浙江蚕豆和豌豆生产现状，结合多年来的研究与实践，总结出一套利用人工春化处理技术，使蚕豆和豌豆提早上市，并编写了本书。

本书第一章至第三章内容由张泉锋、汪少敏撰写；第四章至第六章内容由许林英撰写；第七章内容由李韵撰写；第八章内容由刘荣杰、史努益、张维玲撰写；谢冲聪、张怀杰、陈江辉提供了相关照片和资料；范东恩、张志明、张佳丽、陈剑峰、胡侃等参与了有关资料的整理工作。本书出版得到了宁波市科学技术局科技特派员团队项目和宁波市鄞州区科学技术学会的资助支持，特此表示感谢。

由于时间紧，加之水平有限，书中疏漏之处在所难免，恳请各位专家、同仁和广大读者批评指正。

编　者

2024 年 8 月

目 录 CONTENTS ///////////

前言

第一章

蚕豆概述

第一节　蚕豆的经济价值

蚕豆（*Vicia faba* L.），豆科野豌豆属一二年生草本植物。蚕豆株高为30～180厘米。主根系发达，根系为圆锥形；茎为草质茎，四棱形，直立生长，有绿色和紫红色两种；子叶不出土，顶端小叶退化呈刺状；花为短总状花序，着生于叶腋间，花色有白色、紫色、紫红色等。荚果外覆盖细茸毛，果壁内层有海绵状茸毛。种子扁平，种皮为乳白色、褐色和青色等。

蚕豆具有很高的经济价值，集蔬菜、饲料及工业原料生产于一身，属粮食、经济兼用型作物。蚕豆入口软酥，可制酱、酱油、粉丝等产品，可作为饲料和蜜源植物种植。蚕豆中含有钙、锌、锰、磷脂、胆碱等调节大脑和神经组织的重要成分，可促进人体骨骼的生长发育、预防心血管疾病、延缓动脉硬化。蚕豆一身是宝，其种子、茎、叶、花、荚壳、种皮均可作药用，是重要的药材，主要功能是健脾去湿、通便凉血。

一、蚕豆的传统饮食文化

民以食为天，蚕豆在调节我国人民饮食结构、丰富食品种类和平衡膳食营养方面起到了重要作用。蚕豆在我国传统饮食文化中占有重要而独特的地位。在普通百姓家以干蚕豆为原料的休闲和风味小吃丰富多样，包括绍兴茴香豆（孔乙己豆）与五香辣味豆、脆香椒盐豆、辣味开花蚕豆、糖豆瓣、糖胡豆（糖蚕豆）、怪味胡豆（怪味蚕豆）、铁蚕豆、佛豆糕、糖醋香酥蚕豆、玫瑰糖豆、炸开花豆等，凉盘类的有蚕豆冰冻牛奶豆泥、翡翠豆泥、炒蚕豆泥、蒜泥蚕豆、西米蚕豆、拌蚕豆沙、熟蚕豆泥、蚕豆松，以及用鲜食蚕豆加工的五香青蚕豆等。以鲜食青蚕豆为主要原料的特色菜肴包括蚕豆虾仁、熘干贝蚕豆、蚕豆排骨汤、青豆米稀粥、葱油嫩蚕豆、酸甜蚕豆等。以干蚕豆为主要原料的特色菜肴包括煮蚕豆、蚕豆泥三明治、什锦蚕豆瓣、炸蚕豆饼等。

在我国许多地区，端午节吃芽蚕豆是一种传统饮食习惯。蚕豆去除杂质后，投入清水中浸泡，待蚕豆粒无瘪、无皱纹，断面无白心，呈发芽萌动状态时，即达到浸泡的湿度。蚕豆吸水速度依种类、粒状、干燥度及水温而不同，尤其是水温的影响最大。浸豆时间春、秋两季在 30 小时左右，夏季应予以缩短，冬季应适当延长。如使用新鲜豆种，浸泡 6～12 小时，在 30℃ 条件下，5～7 天就可使芽长至 10～12 厘米，但取食短芽（约 1 厘米长）味道最佳。短芽一般 3～4 天即成。将蚕豆浸泡发芽后称为发芽豆、芽蚕豆或蚕豆芽，1 千克干蚕豆可得芽长约 1 厘米的发芽豆 4 千克。蚕豆发芽后含有丰富的维生素和植物活性蛋白，不但营养丰富，而且味道鲜美，无论是清炒还是煮汤均适宜。以发芽豆为基础的食品，是风味独特的传统食品，深受我国消费者喜爱，主要包括辣味发芽豆、糖醋发芽豆、葱油发芽豆、甜酸去皮发芽豆、凉拌发芽豆、雪菜发芽豆汤等。

二、蚕豆的药用价值

据记载，蚕豆茎、叶、花、荚壳和种皮均可入药。明代《群芳谱》记载，蚕豆味甘，微辛，性平，无毒，快胃、和脏腑、解酒毒，主要功能是健脾、除湿、通便、凉血。据《中医学大辞典》介绍，蚕豆有健脾除湿、通便凉血的功能，对小便频数、咯血、鼻出血有显著的疗效。蚕豆除食用外，还有快胃、祛湿、利脏腑、补中益气、涩精实肠等功能，可用于治疗多种疾病。例如，用存放 3 年以上的陈豆煎汤饮，用虫蛀蚕豆与适量猪肉炖熟食之，或用蚕豆与冬瓜皮共用水煎服，可以治疗水肿；用蚕豆衣与红糖煮成浸膏，以瓶装存放，连日服用，可治疗慢性肾炎；把蚕豆（鲜品或干品泡膨大）捣烂如泥，涂于头上，随干随换，可治秃疮。

蚕豆种子性味甘、平。功用主治：健脾、利湿，治隔食、水肿，捣敷外用可治秃疮。国外民间传统医术，用作利尿剂、祛痰剂和补药。

蚕豆茎（蚕豆梗）含 D-甘油酸（有利尿作用）。功用主治：止血、止泻，治各种内出血、水泻，外用治烫伤。

蚕豆叶含较多的天门冬氨酸，并含丰富的多巴。性味苦微甘、温。功用主治：肺结核咯血、消化道出血、外伤出血。

蚕豆花性味甘、平。功用主治：凉血，止血，治咯血、鼻出血、血痢、带下、高血压病。

蚕豆壳（蚕豆皮即种皮）利尿渗湿，治水肿、脚气，吐血、胎漏、小便不利，外用治天疱疮、黄水疮、疬痈。炒焦用为茶剂，有促进消化、健胃止渴之效。据临床报道，蚕豆荚壳可用于止血。可治咯血、鼻出血、尿血、消化道出血、手术后出血等，外用治天疱疮、烫伤。荚中所含的左旋多巴，是一种治疗帕金森氏症的药物，但也是引起蚕豆黄疸的病因之一。

蚕豆被认为是抗癌食品之一，有预防肠癌的作用。蚕豆中含有丰富的钙、锌、锰、磷脂，具有调节大脑和神经组织等功能，还含有丰富的胆碱，有增强记忆力的作用。蚕豆中的钙易被人体吸收，能促进人体骨骼的生长发育。蚕豆皮中的膳食纤维有降低胆固醇、促进胃肠蠕动的作用。但中焦虚寒者不宜食用，发生过对蚕豆过敏者一定不可再吃；并且，蚕豆性滞，故不可生吃，应将其多次浸泡并焯水后再进行烹制；也不可多吃，以防胀肚伤脾胃。

三、蚕豆的饲用价值

蚕豆作为家畜饲料，历史久远。蚕豆不仅含蛋白质丰富，而且氨基酸齐全，蛋白质消化率高达 80.14%，显著地高出小麦、青稞、马铃薯、玉米等 26.2%～74.0%。从每千克可消化蛋白量来说，蚕豆高达 226 克，分别相当于小麦的 2.76 倍、青稞的 3.0 倍、马铃薯的 4.8 倍和玉米的 5.5 倍。由于蚕豆具有高蛋白、高赖氨酸的特性，所以将蚕豆与其他谷物饲料搭配，可以在配合饲料中增加蛋白质并平衡氨基酸，通过互补强化营养，对提高畜禽饲料转化率具有重要的作用。所以，在鸡和猪的配合饲料中，都有蚕豆添加。

蚕豆茎叶质地柔嫩多汁，含有较多的蛋白质和脂肪，适于作为家畜的青饲料。在蚕豆成熟前 20 天，采集顶端无荚部分茎叶，混合青贮饲料喂猪效果甚好。除了利用成熟后的茎叶秸秆外，将蚕豆直接作为青刈饲料利用价值也很大。蚕豆中小粒品种适宜作为青刈饲草种植，由于蚕豆具有很强的再生能力，可利用这一特性既收粮食又收饲草。蚕豆秸秆的营养成分，虽然比其叶片含量低，但显著高于谷物秸秆。据测定，蚕豆叶片干物质中粗蛋白含量可达 16.5%，比玉米籽粒还高出 62.2%。蚕豆秸秆的粗蛋白和每千克消化蛋白分别达到 9.93% 和 57.6 克，粗蛋白含量相当于小麦、玉米和油菜秸秆的 2.5～3.3 倍；而每千克中可消化蛋白质的质量相当于麦秸的 8.3 倍、油菜秸的 6.9 倍和玉米秸的 3 倍。另外，蚕豆秸秆灰分中钙、磷元素也比麦秸高 2～3 倍，是牛、羊等反刍家畜的好饲草，尤其对需钙较多的母畜更为适宜。

第二节　蚕豆的种植分布

一、蚕豆的种植分布

蚕豆的栽培区分布在北纬 48°～60°，超过 55 个国家。2019

年世界蚕豆收获面积大约为 3 899 万亩[①]，干籽总产量 492 万吨。蚕豆种植面积以亚洲最大，占全世界的 59.9%～62.8%，非洲为 20.1%～23.5%，欧洲为 6.0%～9.6%，南美洲为 4.8%～5.4%，中、北美洲为 1.7%～2.4%，大洋洲为 0.2%～3.0%。在蚕豆的年总产量方面，亚洲占全世界的 63.3%～67.0%，非洲为 17.4%～21.3%，欧洲为 8.7%～11.3%，南美洲为 2.0%～2.2%，中、北美洲为 1.6%～1.8%，大洋洲为 0.2%～3.3%。这表明在种植面积和年总产量方面，亚洲均占到 1/2 以上；其次为非洲，种植面积和产量均占 17% 以上。单产方面以欧洲最高，亚洲和非洲处于较高水平，南美洲的单产水平最低。从国家来看，中国、土耳其、埃及、埃塞俄比亚、摩洛哥、法国、德国、意大利、巴西和澳大利亚为十大蚕豆主产国，这 10 个国家的蚕豆种植面积占全世界蚕豆种植面积的 87% 以上，占年总产量的 90%，其中又以中国为世界蚕豆第一生产大国。

蚕豆虽不原产于中国，但蚕豆是除大豆、豌豆之外，中国目前种植面积最大、总产量最多的食用豆类作物。中国蚕豆的种植历史悠久，种植范围分布很广，东起浙江宁波，西到新疆喀什，南起广西龙州，北到新疆阿勒泰。从海拔 4 000 米的西藏拉萨到海拔 10 米以下的东海之滨，除东北地区外，其余各省份均有蚕豆种植。蚕豆是中国南方主要的冬季作物、北方主要的早春作物，面积分别占 89% 和 11%。蚕豆秋播区的云南、江苏、浙江、重庆、四川、湖北和安徽等，以菜用和粮用蚕豆栽培最多；春播区以粮用蚕豆为主，集中在甘肃、青海、宁夏、内蒙古和河北，其他各省份种植面积较小。

二、我国蚕豆的种植区划

根据蚕豆栽培区的纬度和海拔，以及蚕豆的生长季节、耕作

---

① 注：亩为非法定计量单位，1 亩≈667 平方米。——编者注

制度、种植方式和品种适应类型等综合分析，我国蚕豆的栽培区明显地划分为秋播蚕豆种植区、春播蚕豆种植区。

（一）秋播蚕豆种植区

秋播蚕豆种植区是我国蚕豆主产区，包括云南、四川、湖北、湖南、江苏、浙江、安徽、福建、广东、广西、贵州、江西等地。本区蚕豆栽培面积约占全国总面积的 90%，总产量占 80% 以上。本区各地蚕豆种植的纬度、海拔、温度、降水量等差异都很大。本区的共同特点是秋播夏收，生长季节较长，全生育期在 200 天左右。秋播蚕豆全生育期的温度变幅曲线为 V 形，在冬季和初春有一个低温过程，但 1 月平均气温一般在 0℃ 以上，极端最低气温通常不低于 -10℃，蚕豆在低温条件下通过春化阶段。西部区域冬春降水少，东南部区域春季降水多，结荚期光照不足。所以，干旱、冻害和生育后期的叶部病害、蚜虫侵袭是导致本区蚕豆产量不高、不稳的主要限制因素。

秋播种植区蚕豆主要是水稻的后作，冬季与大麦、小麦或油菜轮作；也是野地棉、麻区间套作的主要作物，是一种用地养地，集粮、饲、菜、肥多用途于一身的作物。本区可分为 3 个亚区。

1. 南方丘陵亚区

包括广西、广东和福建，栽培面积占全国总面积的 10% 左右。年无霜期 300~325 天，年平均气温 19.6~21.8℃，1 月平均气温 10.5~12.8℃，1 月平均最低气温 7.6~9.7℃，生育期 ≥5℃ 积温 1 300~1 500℃，年降水量 1 300~1 700 毫米，但蚕豆生长季节遇到干旱时需要灌溉。11 月播种，翌年 4 月收获，全生育期 140~160 天。生产上利用的品种有土豆籽、拉兴 73、广莆 3 号等早熟半矮秆品种。主要轮作方式为水稻—蚕豆（大麦）。

2. 长江中下游亚区

包括北纬 28°~32° 的上海、浙江、江苏、江西、安徽、湖北、湖南等省份，是我国蚕豆的主产区之一，栽培面积占全国总面积的 37.41%。年无霜期 220~280 天。年平均气温 11.5~17.5℃，1 月平均气温 2~5℃，1 月平均最低气温 -1.2~2.0℃，蚕豆生育期≥5℃积温 1 200~1 300℃，年降水量 1 000~1 600 毫米。10 月中下旬至 11 月上旬播种，翌年 5 月下旬收获，全生育期 200~230 天。生产上使用的品种有通蚕系列、启豆系列以及慈溪大白蚕、上虞田鸡青、利丰蚕豆、襄阳大脚板等传统地方品种。轮作方式为水稻—蚕豆（大麦），还有蚕豆—棉花、蚕豆—小麦、蚕豆—玉米等间作、套种。

3. 西南山地、丘陵亚区

包括云南、四川、贵州和陕西汉中地区，是我国蚕豆主产区之一。栽培面积占全国总面积的 42.13%，年无霜期 220~300 天，年平均气温 14.7~16.2℃，1 月平均气温 4.9~7.7℃，1 月平均最低气温 1.4~2.4℃，年降水量 950~1 200 毫米。10 月播种，翌年 4 月收获，全生育期 190 天左右。生产上使用的主要品种有云豆、凤豆和成胡系列以及成都大白蚕豆、昆明白皮豆、祥云豆、府谷蚕豆等传统地方品种。主要轮作方式为水稻—蚕豆、蚕豆与小麦、油菜间作，蚕豆与玉米、蔬菜、果树等间作、套种。

（二）春播蚕豆种植区

本区包括甘肃、内蒙古、青海、山西、陕西、河北北部、宁夏、新疆和西藏等。本区蚕豆栽培面积仅占全国总面积的 10% 左右，单位面积产量较高，总产量约占全国的 14%。本区的共同特点是春播秋收，一年一熟。一般在 3~4 月播种，8 月收获，生长季节短，全生育期间的气温变化曲线为倒 V 形，即两头低、中间高，日温差大，有利于形成大粒。蚕豆能在较高的温度下通过春化阶段，在适宜的温度下开花结荚，且光照时间长，光强度大，有利于高产稳产。本区可分为 3 个亚区。

1. 甘西南、青藏高原亚区

本区是我国大粒型蚕豆产区，包括西藏，青海，甘肃西南部、中部地区，地处北纬 34°～37°，海拔 1 500～4 300 米，年平均气温 5.7～9.1℃，7 月平均气温 15.1～23.5℃，生育期≥5℃积温 1 300～1 500℃，年降水量 300～450 毫米，年无霜期 100～180 天，年日照时数 2 600～3 000 小时。3 月中旬至 4 月中旬播种，8—9 月收获，全生育期 150～180 天，一年一熟。生产上所用的品种有青海系列、临蚕系列以及临夏马牙、湟源马牙、朵大豆等传统地方品种。主要轮作方式有蚕豆—小麦/马铃薯和蚕豆—小麦—小麦等。

2. 北部内陆亚区

包括地处北纬 38°～44°的内蒙古、河北、山西、宁夏以及甘肃河西走廊。其走向沿长城内外一线，海拔 800～1 600 米，年平均气温 5.8～12.9℃，7 月平均气温 21.9～26.6℃，生育期≥5℃积温 1 700～1 900℃，年降水量 200～550 毫米，但分布不均，河西走廊不足 100 毫米。3 月中旬至 5 月中旬播种，7—8 月收获，全生育期 100～130 天。生产上使用的品种有大马牙、大板马牙、崇礼蚕豆等传统地方品种。本亚区又可划分为长城沿线小区、河套小区和河西走廊小区。

3. 北疆亚区

包括新疆天山南北地区，属大陆性干旱、半干旱气候。一年一熟，蚕豆与小麦、玉米轮作，生产规模较小。年平均气温 5.7～13.9℃，7 月平均气温 23.5～32.7℃，年降水量 16.4～277.6 毫米。

据研究，1 月平均气温高于 0℃的地方为蚕豆秋播区。1 月平均气温低于 0℃而 7 月平均气温低于 20℃的地方为蚕豆春播区。我国秋播蚕豆的分界线是秦岭—淮河一线。在西部海拔较高，为北纬 33°；在东部海拔较低，为北纬 34°。严格地说，长江流域是蚕豆秋播区，珠江流域是冬播区。而云南类似一种"立体气候"，海拔高低不同，气候各异，几乎一年四季均可种植。春播区从辽东半岛中间起向西北经长城沿线、晋北、陕北、陕甘交界、四川西部，止于云南，这一线的北部和西部是蚕豆春播区。在夏季炎热、冬季寒冷且持续时间长、春秋季短的区域不宜蚕豆生长，为无蚕豆种植区。

第三节 蚕豆的起源与分类

一、蚕豆的起源

蚕豆（*Vicia faba* L.），别名胡豆、佛豆、罗汉豆、南豆等。蚕豆是豌豆族（Vicieae）野豌豆属（*Vicia*）植物中的一个栽培种（*V. faba*）。关于蚕豆的起源有几种观点。1931 年，Muratova 提出大粒蚕豆原产于北非，小粒蚕豆原产于里海南部。1935 年，H. 瓦维洛夫根据在中亚的喜马拉雅山脉和兴都库什山交会地区发现有小荚、小粒的原始类蚕豆，从而提出中亚的中心地区是蚕豆的最初起源地，并自中亚沿纬线山脊向西伸到伊朗、土耳其以及地中海地区，再到西班牙，蚕豆籽粒逐渐增大。特别是根据西西里岛和西班牙的蚕豆比阿富汗喀布尔地区的蚕豆大 7～8 倍的事实，得出结论，认为地中海沿岸及埃塞俄比亚是大粒蚕豆的次生起源地。1972 年，Schultze-Motel 根据考古学的证据，认为蚕豆是在新石器时代后期（公元前 3000 年）被引入农业栽培的，而不是第一批被驯化栽培的作物。据 Hanelt 等（1973）报道，在以色列到土耳其和希腊海岸线以东未有史前的考古发现。在死海北面的杰里科（Jericho）发现有新石器时代蚕豆残留的种子，被确认为公元前 6250 年的遗物。在西班牙和东欧的新石器时代及瑞士和意大利等地青铜器时代遗址中发现了蚕豆残留物。1974 年，Cubero 推测蚕豆起源中心在近东地区，并由此向 4 个方向传播：向北传播到欧洲；沿北非海岸传播到西班牙；沿尼罗河传播到埃塞俄比亚；从美索不达米亚平原传播到印度，从印度传播到中国。后来，阿富汗和埃塞俄比亚成为次生多样性中心。有些学者认为，蚕豆起源地为亚洲西南部到地中海地区。最近许多研究证明，蚕豆可能起源于亚洲的西部和中部，其祖先和起源地区仍未确定。

蚕豆何时传入中国没有正史记载，公元 3 世纪上半叶，三国时期张揖在《广雅》中有胡豆一词。1057 年，北宋宋祁在《益部方物略记》中记载："佛豆，豆粒甚大而坚，农夫不甚种，唯圃中莳以为利，以盐渍食之，小儿所嗜。"明代李时珍在《本草纲目》中记载："大平御览云，张骞使外国得胡豆归，今蜀人呼此为蚕豆。"若此说法可靠，则表明蚕豆传入中国的历史已有 2 000 多年。但是，1956 年和 1958 年，在浙江省吴兴县（现为湖州市吴兴区）发掘出新石器时代晚期的钱山漾文化遗址中出土了蚕豆半炭化种子。1973 年，在甘肃省临夏回族自治州广河县地巴坪出土了半山类型的彩陶，在彩陶葫芦形网纹间夹绘的 4 个小纹饰中，有蚕豆粒特有的形象，说明在距今四五千年前就已经栽培蚕豆了。在云南丽江一带有一种拉市青皮豆，栽培历史很久，据说是当地土生土长的原产品种，并且在云南大理的宾川还有野生蚕豆分布。所以，关于蚕豆的起源说法不一，还有待深入研究。

二、蚕豆的分类

蚕豆在植物分类学上属于野豌豆属（Vicia L.），是这个属各个种中隔离最好的一个种。蚕豆与这个属中其他的种比较，染色体较大，但染色体个数较少，$2n=12$，这个属其他种的染色体 $2n=14$。蚕豆与野豌豆属其他种之间还无杂交成功事例，而其他各种之间的杂交已获成功。蚕豆为常异花授粉植物。

按品种的形成来源，分为地方品种和育成品种。地方品种农艺性状的整齐度较差，但对当地的适应性好，特别是抗逆境能力较强；育成品种商品特性和栽培响应力专一，植物学和农艺性状整齐度较高。按籽粒大小，分为小粒型（百粒重在 70 克以下）、中粒型（百粒重为 70～120 克）和大粒型（百粒重在 120 克以上）。按种皮颜色，分为青皮（绿皮）豆、白皮（乳白）豆、红皮（紫皮）豆和黑皮豆4种类型。按用途，分为食用类型（鲜销蔬菜型、干籽粒加工型）、饲用类型（青饲料和干饲料）和绿肥类型。按荚的长度，分为长荚型（荚长10厘米以上）和短荚型（荚长10厘米以下）。根据苗期耐低温能力的强弱，分为秋播蚕豆（冬性蚕豆）和春播蚕豆（春性蚕豆）。按成熟期的长短，分为早熟型、中熟型和晚熟型。

第二章

蚕豆的主要特征特性及对环境条件的要求

第一节　蚕豆的生物学特性

蚕豆从播种到成熟的全生育过程可分为出苗期、分枝期、现蕾期、开花结荚期和鼓粒成熟期。各生育时期的天数因品种、温度、日照、水分、土壤条件和播种时期的不同而有差别。

一、出苗期

蚕豆的籽粒大，种皮厚，吸水较难，发芽时需水较多。所以，蚕豆出苗的时间比其他豆类作物要长一些，一般需 8～14 天。在土壤湿度适中的条件下，温度高低是影响出苗时间长短的主要因素。蚕豆种子萌芽，首先下胚轴的根原分生组织发育成初生根，突破种皮伸入土中，成为主根。初生根伸出以后，胚芽突破种皮，上胚轴向上生长，长出茎、叶，一般茎、叶露出土面 2 厘米时称为出苗，田间 80％的植株出苗时间为出苗期。

二、分枝期

蚕豆幼苗一般在长出 2.5～3 片复叶时发生分枝。当分枝长至 2 厘米时，为一个分枝；田间 80％的植株到达分枝时，为分枝期。发生分枝早晚受温度的影响最大，在南方秋播区，日夜平均温度在 12℃以上时，出苗到分枝为 8～12 天，随着温度的下降，分枝的发生逐渐减慢。在江苏、浙江一带，蚕豆 11 月底进入分枝盛期，到 12 月下旬达到高峰期，翌年 3 月中旬开始自然衰老。蚕豆分枝能不能开花及开花结荚的多少，主要取决于分枝发生的早晚和长势的强弱。另外，还与土壤肥力、密度、品种和栽培管理等有关。一般早发生的分枝长势强，积累的养分多，大都能开花结荚，成为有效枝；后发生的分枝常因营养不良、生长弱而自然衰亡，或不能开花结荚。

三、现蕾期

蚕豆现蕾是指主茎顶端已分化出花蕾，并为 2～3 片心叶遮盖，揭开心叶能明显见到花蕾。田间 80％的植株有能目辨的花蕾出现时为现蕾期。蚕豆现蕾期早晚因品种和气候条件的不同而不同。在云南适时播种条件下，出苗至现蕾一般需要 40～45 天，有效积温 480～680℃，蚕豆现蕾时的植株高度因品种和播种早晚、栽培条件的不同而有差异。现蕾期植株高矮对产量的影响很大，过高造成荫蔽，花荚脱落多，甚至引起后期倒伏，产量不高；生长不良导致植株过矮就现蕾，形不成足够的营养生长量，产量也不高。蚕豆现蕾期是干物质形成和积累较多的时期，也是蚕豆营养生长和生殖生长并进的时期，这时需要有一定的生长量，但又不能生长过旺。因此，要协调生长与发育关系，对生长不良的要促生长，对水肥条件好、长势旺的要控生长，防止过早封行，影响花荚形成。

四、开花结荚期

蚕豆开花结荚并进，其开花期可长达 50～60 天，蚕豆植株出现花朵、旗瓣展开为开花，田间 30％的植株开花为始花期，50％的植株开花为开花期，80％的植株开花为盛花期。植株出现 2 厘米幼荚时，为结荚；50％植株结荚时，为结荚期。从始花到豆荚出现是蚕豆生长发育最旺盛的时期。这个时期，在茎、叶生长的同时，茎、叶内储藏的营养物质大量向花荚输送，此时期需要土壤水分和养分充足，光照条件好，叶片的同化作用能正常进行，这样才有足够的营养物质，同时保证花荚的大量形成和茎、叶的继续生长，促进多开花，多成荚，少落花落荚。这是决定蚕豆能否高产的重要条件。

五、鼓粒成熟期

蚕豆花朵凋谢以后，幼荚开始伸长，荚内的种子也开始膨大。随着种子的发育，荚果宽厚增大、籽粒逐渐鼓起、种子的充实过程称为鼓粒期。蚕豆植株 80% 的荚果呈现黄褐色的时期为成熟期。鼓粒到成熟阶段是蚕豆种子形成的重要时期。这个时期发育是否正常，将决定每荚粒数的多少和百粒重的高低。鼓粒期缺水会使百粒重降低，并增加秕粒，降低产量和质量。

第二节　蚕豆的植物学特征

蚕豆有越年生（秋播）或一年生（春播）之分，植物器官可分为根、茎、叶、花、荚果和种子 6 个部分。

一、根

蚕豆的根由主根、侧根和根瘤 3 个部分组成，是植株的地下部分，其功能除吸收养料和水分外，对植物还有一定的固定支撑作用。根系生长的好坏，将直接影响蚕豆的产量。根瘤是因侵入根皮的根瘤菌共生而形成的。根瘤菌是一种好气性细菌，具有固定空气中游离态氮的能力。

蚕豆种子在萌发时，首先长出 1 条胚根，以后发展为主根，侧根从主根上长出，上部的侧根较长，向下则渐短，形成一圆锥根系。蚕豆主根强大粗壮，入土深度可达 80～150 厘米。因此，能够利用其他作物难以吸收利用的土壤深层养料。尤其是可将钙素等带到土壤上层来，供当季和后茬作物利用。上部侧根在土壤表层水平延伸 50～80 厘米，然后向下生长，深达 80～110 厘米。蚕豆根系扩展范围虽广，但大部分集中在 30 厘米土层内。

蚕豆在 3 叶 1 心时，根瘤菌即已从根毛侵入根的初生皮层，在 5～6 叶时，根上已出现粒状根瘤，以后逐渐增大、增多而集成一团，成为不规则的姜状瘤块。根瘤主要集中在表土层 20～35 厘米的主根和侧根上，主根着生的根瘤比侧根大且数量多，固氮效率也较高。因此，移栽、补苗宜在幼苗期进行，并以带土连根移植为佳；否则，将因主根受损而造成死苗或植株生长发育不良。蚕豆根系与豌豆族根瘤菌共生，铵盐、硝酸盐会抑制根瘤的形成，故氮素化肥应深施、晚施、少施。

二、茎

蚕豆茎是草质茎，直立，四棱形，中空多汁，表面光滑无毛。其高度差异极大，从 30 厘米到 180 厘米不等，随品种和栽培条件而异。即使是同一品种在不同的栽培环境中，茎的高度也有很大变化。一般早熟种较矮，晚熟种较高。幼茎多数为绿色，有少量品种上部呈紫红色，成熟后的茎为黑褐色。据研究，一般亩产 250 千克以上的秋播群体中，单枝茎粗应达到 0.7 厘米以上，而茎秆的粗细、高度与栽培管理条件和种植密度关系极大，节间距离和茎秆粗细都与产量构成诸因素相关联。

蚕豆的分枝力很强，当主茎出现 4 片叶时，第一节上就有分枝发生，一般主茎上第一节、第二节发生分枝较多。主茎上的分枝为一次分枝，一次分枝上长出二次分枝，以此类推。一次分枝最多，二次分枝较少，且多为无效分枝。冬蚕豆早播的分枝较多，有 5～15 个分枝；晚播的分枝较少，有 3～10 个分枝。长江流域大多数地区的蚕豆主茎常在冬季自然枯死或受冻死亡，因而主要依靠早生粗壮的分枝结荚构成产量。四川中部、东部地区的冬蚕豆主茎上一般能结荚，但荚数仍少于分枝。春蚕豆仅有 2～3

个分枝或无分枝，主茎荚数略多于分枝，靠主茎和分枝构成产量。

蚕豆分枝能否结荚，并成为有效分枝，主要取决于分枝出现的早晚和长势的强弱。此外，与密度、栽培管理也有密切的关系。一般秋蚕豆冬前及越冬期形成的分枝，因生长健壮、养分积累多，大多能结荚，成为有效分枝；春后发生的分枝，长势弱，荫蔽重，常常因营养不良而大多不能结荚，成为无效分枝。

三、叶

叶片是进行光合作用的主要器官，叶片的大小、功能、衰落速度及叶层配置与光能利用和产量形成有十分密切的关系。

蚕豆的叶片分为子叶、单叶和复叶。蚕豆种子有 2 片肥大的子叶，富含营养物质。种子萌发时，由于下胚轴不延伸，因此蚕豆子叶有不出土的习性。在正常条件下，夹在 2 片子叶之间的幼胚芽都是在胚根生长以后再伸长。发芽以后 2 片单叶首先生长，通常称为基叶。蚕豆的分枝主要是从基叶所在的节间发生，在2 片基叶以后，就陆续发生各片复叶。

蚕豆的复叶为互生羽状，由 2～9 片小叶组成，复叶的小叶片数随着叶节的增加而逐渐增多，但 6～7 片小叶出现后，小叶片数又略为减少。小叶椭圆形，全缘，无毛，基部楔形。叶面绿色，叶背略带灰白色。复叶顶部小叶退化为短刺状，有时变态呈细漏斗形。托叶 2 片，较小，略呈三角形，紧贴于茎与叶柄交界处的两侧，背面有一紫色或褐黄色小斑，为退化蜜腺。

蚕豆每分枝平均生叶片 22 片左右，复叶的小叶片数多少与开花、结荚有相应的关系。据观察，一般在现蕾前出现的四叶型与五叶型复叶为主要开花结实的节位，到七叶型复叶出现时，所开的花多为无效花。

四、花

蚕豆的花着生在叶腋间，形成短总状花序。花朵聚生在花梗上形成花簇，每个花簇有 2～9 朵花。花为蝶形花，由花萼、花冠（旗瓣 1 枚、翼瓣 2 枚、龙骨瓣 2 枚）、雄蕊（10 枚）和雌蕊（1 枚）4 个部分组成。雄蕊为 9 合 1 离的两体雄蕊，雌蕊隐在雄蕊下。花色可大致分为紫色、浅紫色、白色、纯白色（翼瓣上无斑点）。花色是鉴别不同品种的重要特征之一。

在通常栽培条件下，一株蚕豆能开 40～300 朵花，成荚率为 5%～20%，一般只有 10%左右。蚕豆开花顺序是自下而上，下部花簇（第一簇至第三簇）的小花数较少，占总花数的 34.1%，成荚数占总成荚数的 51.7%，成荚率高；中部花簇（第四簇至第六簇）的小花数多，占总花数的 40.3%，成荚数占总成荚数的 43.1%；上部花簇（第七簇以上）的小花数占总花数的 25.6%，成荚数占总成荚数的 5.2%。每天开花时间，从 8:00 左右开始，持续到 17:00—18:00，以中午前后开花最多，日落后大部分花朵闭合。每朵花开放时间持续 1～2 天，全株开花延续 15～20 天。

蚕豆大多能自花授粉，但由于花器较大、花冠不整齐，对雌雄蕊覆盖、包裹不紧。加之蚕豆花能散发出浓郁的香味引诱昆虫采粉，从而导致蚕豆的异交率很高。在自然条件下，异交率的高低因气候条件、蜂源多少、品种差异而有所不同，一般为 20%～40%，平均在 30%左右。所以，蚕豆是常异花授粉作物。

五、荚果

蚕豆的果实为荚果，由 1 个心皮组成，扁圆筒形，状似老蚕，被茸毛，荚内也有絮状白色茸毛。荚长因品种而异，一般长 6～10 厘米，宽 2 厘米左右。每荚含种子 2～4 粒，最多达 7～8 粒，种子占全荚重量的 60%～70%。荚壳肥厚，幼荚为绿色，成熟时呈黑褐色。

蚕豆的荚型可分为硬、软两类。硬荚型品种从结荚至成熟，荚果基本保持直立或斜向上姿态，荚仍呈扁圆筒形；软荚型品种在幼荚期，荚果向上生长，接近成熟时荚果由基部逐渐向下弯曲，直至完全垂下，同时荚壳收缩将种子紧紧包裹，荚内种子数量、形状明显可辨。有些软荚型的品种成熟时，荚果并不下垂或不太下垂，但荚壳仍紧紧将种子包裹。在一些干旱地区，硬荚型的品种成熟时，荚壳易爆裂，造成种子散落，不利于收获。软荚型的品种成熟时，荚壳不爆裂，但脱粒较为困难。

六、种子

蚕豆种子由胚、子叶、种皮3个部分组成，其形状扁平，长圆形，略有凹凸。种子的基部有一个种柄脱落留下的黑色或灰白色痕迹，称为种脐。种脐的形状、颜色也是品种的重要特征之一。种脐的一端有一小孔，称为珠孔，发芽时胚根即由此伸出。种皮内包着2片肥大的子叶，多为淡黄色，也有少量品种的子叶为绿色。胚（胚芽、胚轴、胚根）着生于子叶的基部。成熟后的种皮颜色有乳白色、绿色、浅绿色、褐色和紫色等。蚕豆种子的大小因品种不同而差异很大，其长度为 0.65～3.5 厘米，是栽培作物中最大的种子之一。在自然条件下，蚕豆种子发芽力可保持2～3 年，在低温干燥地区可保持 5～7 年。蚕豆种子中常有一种硬实现象，硬实的种皮坚硬如革，水分不易浸入。其形成是由于成熟过程中出现干旱、高温等不利因素，使籽粒过于干燥，造成种皮细胞紧密所致，对蚕豆品质和萌发都不利。

第三节　蚕豆对环境条件的要求

蚕豆的生长发育对光照、温度、水分、土壤、矿质元素、固氮环境等自然环境因素有一定的要求。在栽培过程中，积极创造条件，满足其需要，才能获得较高的生物学产量和经济产量。

一、光照

蚕豆是喜光怕阴的长日照作物，延长日照时数，植株能提早开花结荚。如在秋播区，蚕豆由西向东引种生育期逐渐缩短，反之则延长。就生态类型而言，春蚕豆和秋蚕豆对各自的生态环境都产生了系统适应性，互换环境后不利于各自生长发育。但相对来说，秋蚕豆北移春播尚能开花结荚、成熟，而春蚕豆南移秋播却不能结荚或结荚极少。说明春蚕豆对光照反应更敏感，对长日照要求更严格。

蚕豆整个生长期间都需要充足的阳光，尤其是开花结荚期和鼓粒灌浆期。一般向光透风面的分枝健壮，花多、荚多，单作或间套作时，若种植密度过大，株间互相遮光严重，会导致蚕豆的花荚大量脱落。因此，宜选用株型紧凑、叶姿上举、叶片大小适中的品种；在栽培技术上，应根据蚕豆对日照反应的特点，适时播种，合理密植，间套作物要得当，排灌、施肥要科学，并适时整枝摘尖，使其有一个合理的群体结构，以改善植株间透光通风条件，让多数叶片都能得到较好的光照。提高光能利用率，减少病虫害，对提高产量有明显的作用。

二、温度

蚕豆性喜温凉湿润的气候，不耐暑热，不耐严寒，耐寒力比大麦、小麦、豌豆差，特别是花荚形成期间，尤其不耐低温。蚕豆不同生育阶段对温度的要求和抗低温的能力是不同的。种子发芽时最低温度为 3~4℃，适温为 16~25℃，最高温度为 30~35℃。出苗的适温为 9~12℃。春播时，一般 5~6℃即可播种，从播种到幼苗出土所需的天数随温度不同而变化。当覆土深 6~8 厘米、土温 8℃时，发芽约需 17 天；土温 10℃时需 14 天；土温 32℃时需 7 天。秋播时，易遇冻害。一般幼苗能忍受 -4℃的低温和霜冻，但气温降至 -7~-5℃时，地上部分即受冻害，低温时间越长，则受冻害程度越重。叶片受冻后先呈水渍状斑块，然后萎蔫变黑，最后受冻部分枯死。如果温度低于 -8℃，幼苗就会冻死。营养器官形成期最适温度为 14~16℃；生殖器官形成及开花期最适温度为 16～20℃，超过 26℃时落花严重；结荚期最适温度为 18～22℃。

三、水分

蚕豆喜湿怕渍，需水较多，是既不耐旱又不耐涝的作物。蚕豆对水分的要求，因不同生育时期而异。种子发芽要吸收相当于自身重量 110％～150％的水分，即 1 千克种子要吸收 1.1～1.5 升的水分，才能发芽出苗。由于蚕豆粒大，种皮厚，吸水较慢，因此出苗所需时间较长，为 10～20 天。如果土壤湿度过大，豆种则易霉烂。

从出苗到现蕾，地上部生长较缓慢，根系生长较快，需水量相应减少，这时如果雨水过多或低洼地长期积水，土壤过湿，地温低，土壤通透性差，就会影响蚕豆根系生长，病害容易侵染与传播，造成烂根死苗。所以，在南方尤其是春雨多、地势低平的地区，应开沟排水防湿害，配以浅中耕促进根系深扎，控制地上部徒长，使植株粗矮健壮，以达到蹲苗高产的目的。从现蕾开花起，蚕豆植株生长加快，日生长量增大，干物质积累多，是需水分最多的时期。由于蚕豆全株生长量的 65％是在开花以后增加的，所以要供给充足的水分，才能满足开花结荚的需要。如果水分不足，就会严重影响产量；但降水过多或长时间处于渍水的低洼地，对蚕豆根系生长极为不利，又会导致植株抗逆力减弱，易感染立枯病、锈病、赤斑病、褐斑病，而且会发生倒伏。因此，在旱地和比较干旱的地方种植蚕豆，在开花结荚期要及时灌溉，保证植株正常生长发育。在稻田和多雨地区种植蚕豆，应提早开沟作畦以利于排水，促使植株早生快发、健壮生长。

四、土壤

蚕豆适应性比较强，能在各种土壤中生长，但最适宜的是土层深厚、有机质丰富、排水条件好、保水保肥能力较强的黏质土壤。沙土、沙壤土、冷沙土、漏沙土因肥力不足，保水力差，植株瘦小，分枝少，产量低。如果在这些土壤中增施农家肥料，提高土壤肥力，保持土壤湿润，也能使蚕豆生长良好。

蚕豆生长较为适宜的土壤 pH 为 6.2～8.0，因根瘤菌最适于在中性到微碱性的土壤中繁殖生长，甚至在 pH 为 9.6 的土壤中也能繁殖，所以沿海一带盐碱地也有较多的蚕豆种植。在过酸土壤中，根瘤菌的繁殖以及根际微生物的活动会受到抑制。因此，蚕豆在酸性土壤中往往生长不良，容易感病。南方酸性土壤种植蚕豆，需施用石灰中和酸性。北方春蚕豆产区多是石灰性钙质土壤，在种植蚕豆上有地理优势。

五、矿质元素

蚕豆从土壤中吸收最多的营养元素是氮、磷、钾、钙，为了保证蚕豆正常生长发育，还需吸收钠、镁、锰、铁、硫、硅、氯、硼、钼、钴、铜等元素。根据国家产业技术体系项目，利用访仙白皮、品蚕 D、云蚕 79、崇礼蚕豆 4 个蚕豆品种进行盆栽试验。研究结果表明，缺乏微量矿质营养元素（碘、硼、锰、锌、钼、铜、钴、铁）对蚕豆的影响大于对豌豆的影响。但是，相对于缺乏大量元素氮，缺乏微量元素对蚕豆生长发育的影响要小得多。缺乏微量矿质营养元素对于蚕豆生长发育的影响从大到小排列顺序如下：空白对照＞缺氮＞缺锌＞缺钴＞缺铁＞缺硼＞缺铜＞缺锰＞缺钼＞缺碘＞全价营养。总体而言，蚕豆对于缺乏微量矿质营养元素的敏感程度明显大于豌豆，因而对于缺乏碘、硼、锰、锌、钼、铜、钴、铁分别表现出明显的微量元素缺乏症状，而且主要表现为叶片受损程度不同，叶片上坏死斑形状、颜色以及大小不同。

六、固氮环境

豆科植物通常有 2 种途径获得氮素：一是通过根部吸收土壤

中的硝酸盐，再由存在于叶片中的硝酸盐还原酶还原产生氮，所有的豆科植物都有这种酶；二是固定空气中的氮气，通过根瘤菌类菌体的固氮酶还原成 NH_4^+，只有带有固氮根瘤的豆科植物才有这种酶。大部分田间栽培的豆科作物这两种机制都起作用。为了节约土壤中的氮素和肥料，增加固氮部分和减少吸收部分是很重要的。需要注意的是，当土壤中具有可吸收氮素时，植株会优先选择从而减少固氮。所以，追施氮肥会减少固氮。对于部分豆类作物，如菜豆和花生，追施氮肥可以增产，但对于另一些豆类，追施氮肥增产很少或不增产，蚕豆就属于这一类型。根瘤菌是一种无孢子细菌，它在接种物中生存困难，但在土壤中生存良好。所以，耕作土壤中通常都有根瘤菌存在。当种子发芽时，根瘤菌在根际繁殖并进入根内，并随着根细胞的繁殖而增殖形成根瘤。共生固氮是一种高等植物与一种特定细菌微妙平衡的结果，要求一些必备的条件来促进固氮作用：①良好的土壤结构（土壤通气性良好，以便得到足够的空气）；②不缺钼和硼；③土壤中含有少量的氮化物；④有足够数量的特定根瘤菌种；⑤有利于植株生长的条件（适宜的气候、合适的耕作技术、适宜品种、无病虫害等）。蚕豆对根瘤菌种的特异性不强，很容易同许多根瘤菌种形成固氮根瘤，在传统的耕作土壤中都有固氮根瘤菌存在，一般不需要进行接种处理，但在新开垦或初次种植豆科作物的土壤中需要考虑接种。

第三章

蚕豆栽培技术

第一节 塑料大棚的搭建

塑料大棚是在塑料小拱棚基础上发展起来的大型塑料薄膜覆盖保护地栽培设施。20世纪50年代，我国从苏联引进的保护地栽培技术，可谓简易的设施农业。塑料大棚是20世纪60年代后期引入我国的，最先在蔬菜上应用。20世纪60年代末，我国北方才初步形成了由简单覆盖、风障等构成的保护地生产技术体系。20世纪70年代，推广地膜覆盖技术，对保温、保水、保肥起到了很大的作用。20世纪70年代初，在黑龙江高寒地区、山西晋中等地开始进行小面积的大棚西瓜栽培试验，但因当时处于摸索阶段，栽培管理技术不成熟，再加上当时塑料工业尚不发达，所以没有发展起来。20世纪80年代初期以来，沿海等地区又开始研究和推广大棚西瓜栽培技术，并取得了突破性的进展。20世纪80年代中后期，许多地方，特别是在浙江台州一带，运用单栋式6米宽钢管大棚或8米宽提高型钢管大棚加地膜对嫁接后的西瓜进行反季节栽培，实现了西瓜早熟、丰产和优质，取得了明显的增产和增效。进入20世纪90年代后，这项技术除了广泛用于西瓜外，还用于茄子、番茄等其他蔬菜。我国设施园艺总面积已从1981年的10.8万亩猛增到2015年的6 160.0万亩，设施蔬菜面积达到5 700多万亩，我国一跃成为世界设施园艺面积最大的国家，更因为我国设施园艺具有以节约能源为特色的高效实用的生产技术体系，从而在世界设施园艺学术界中占有重要地位。

一、大棚的类型

目前，我国塑料大棚的种类很多。根据棚顶的形状，可分为拱圆形、屋脊形；根据连接方式和栋数，可分为单栋型和连栋型；根据骨架结构形式，可分为拱架式、横梁式、桁架式、充气式；根据建筑材料，可分为竹木结构、混合结构、钢管水泥柱结构、钢管结构以及 GRC（玻璃纤维增强混凝土）预制件结构等；根据使用年限，可分为永久型和临时型。还可以按照使用面积的大小，将大棚划分为塑料小棚、塑料中棚、塑料大棚 3 种。一般把棚高 1.8 米以上、棚跨度 8 米、棚长 40 米以上、面积 0.5 亩以上的称为大棚，棚高 1～1.5 米、棚跨度 4～5 米、面积 0.1～0.5 亩的称为中棚，棚高 0.5～0.9 米、棚跨度 2 米、面积 0.1 亩以下的称为小棚。

各种类型的大棚都有各自的性能和特点，使用者可根据当地的气候条件、经济实力和建棚目的灵活选用。

1. 按屋顶形式区分

（1）拱圆形大棚。该类型的大棚是用竹木、圆钢或镀锌钢管、水泥或 GRC 预制件等材料制成弧形或半椭圆形骨架（又叫棚体）。其内部结构可分为两种，一种有立柱、拉杆，另一种无立柱。棚架上覆盖塑料薄膜再用压杆、拉丝或压膜线等固定好，形成完整的大棚。

（2）屋脊型双斜面大棚。这种大棚的顶部呈"人"字形，有两个斜面，棚两端和棚两侧与地面垂直，而且较高，外形酷似一幢房子，其建材多为角钢。因其建造复杂、棱角多，易损坏塑料薄膜，故生产上应用日益减少。

2. 按构建材料区分

（1）毛竹大棚。所用的主要材料如下。

①毛竹。二年生毛竹，长 5 米左右，中间处粗度 8～12 厘米、顶粗度不小于 6 厘米。竹子砍伐时间以 8 月以后为好，这样的毛竹质地坚硬且柔韧富有弹性，不生虫，不易开裂。按每亩大棚需毛竹 2 000 千克左右备用。

②大棚膜。最佳选用多功能膜（无滴膜），以增加光能利用率，提高大棚的保温性能。膜幅宽 7～9 米，厚度 65～80 微米，一筒 40 千克的大棚膜可覆盖 1 亩左右。

③小棚膜。用普通农膜，幅宽 2～3 米，厚度 14 微米，用量 10 千克/亩。小棚用的竹片长 2～3 米，宽 2～3 厘米。

④地膜。选用 1.5～2 米宽的无滴膜（水稻秧苗膜），用量 3 千克/亩。

⑤压膜线。可选用企业生产的压膜线，也可就地取材，用量 7 千克/亩。

⑥竹桩。竹桩用毛竹根部制成，长约 50 厘米，近梢端削尖，近根端削出止口，以利于压膜线固定，用量约 260 根/亩。

在建造大棚前，要对一些骨架材料进行处理，埋入地下的基础部分是竹木材料的，要涂以沥青或用废旧薄膜包裹，防止腐烂。拱杆表面要打磨光滑、无刺，防止扎破棚膜。

毛竹大棚的建造工序要按以下程序执行：定位放样→搭拱架→埋竹桩（压膜线固定柱）→上棚膜（选无风晴天进行）→上压膜线扣膜（拴紧、压牢）→覆膜。

整块大棚膜的长、宽均应比棚体长、宽多 4 米左右，覆膜时，先沿大棚的长度方向，靠近插拱架的地方，开一条 10～20 厘米深的浅沟。盖膜后，将预先留出的贴地部分依次放入已开好的沟内，并随即培土压实。这种盖膜方式保温性能好，但气温回升后通风较困难，有时只好在棚膜上开通风口，致使棚膜不能重复使用。盖膜时操作简单。

塑料大棚覆盖薄膜以后，均需在两个拱架间，用压膜线来压住薄膜，以免因刮风吹起而撕破薄膜，影响覆盖效果。目前，常用的压膜线为聚丙烯压膜线。

（2）825 型和 622 型钢管棚。所用的主体材料为装配式镀锌钢管，其他主要材料如下。

①大棚膜。内外膜均选用多功能膜（无滴膜），以增加光能利用率，提高大棚的保温性能。外膜幅宽 12.5 米，厚度 80 微米，一筒 40 千克的大棚膜可覆盖 1 亩左右。内膜选用多功能膜 8～10 米（无滴膜），厚度 50 微米，覆盖 1 亩地需 25～30 千克。

②裙膜。高 80 厘米，根据大棚长度，由旧大棚外膜裁剪而成。

③地膜。选用 1.5～2 米宽的无滴膜（水稻秧苗膜），用量 3 千克/亩。

④压膜线。可以选用企业生产的压膜线，也可就地取材，用量 7 千克/亩。

⑤拉钩。由铁制材料做成，长约 50 厘米，每边隔 1 米 1 个，用量约 170 个/亩。

此类大棚构建按以下程序执行：定位放样→安装拱管（按厂方提供的使用说明书进行组装）→安装纵向拉杆并进行棚形调整→装压膜槽和棚头（安装时，压膜槽的接头尽可能错开，以提高大棚的稳固性）→覆膜→安装好摇膜设施。钢管棚通风口的大小由摇膜杆高低来控制。

二、塑料大棚的性能和效应

1. 透光性能

光照是大棚内小气候形成的主导因素，直接或间接地影响着棚内温度和湿度的变化。影响棚内光照度的因素很多，如不同质地的棚膜透光率差异很大，新的聚乙烯棚膜透光率可达 80％～90％，而薄膜一经粉尘污染或附着水珠后，透光率很快下降；大棚膜顶的形状、大棚走向以及骨架的遮阳状况等都影响棚内的光照度。据测定，大棚内的光照度在晴朗的天气相当于自然光的

51%；在阴天，棚内散射光，则为自然光的70%左右，可基本满足蚕豆生长发育的要求。因此，光照条件比中、小塑料棚优越。棚内光照度的垂直变化是上部光照度较大，向下逐渐减弱，近地面处最小。

2. 增温、保温性能

由于塑料薄膜的热传导率低，导热系数仅为玻璃的1/4，透过薄膜的光，照射到地面所产生的辐射热散发慢，保温性能好，棚内温度升高快。同时，由于大棚覆盖的空间大，棚内温度比较稳定。一般大棚内地温和气温稳定在15℃以上的时间比露地早30～40天，比地膜覆盖早20～30天。此外，大棚内空间大，可根据情况在棚内加盖小拱棚，其保温效果可得到进一步提高。大棚"三膜覆盖"蚕豆一般比露地早播种75天左右，比"两膜覆盖"早45天左右。

三、建棚前的准备

大棚投资大，使用年限长，在建棚时要进行周密的计划。首先，要选择3年以上未种过豆科作物的地块作为建棚场地。而且，建棚场地的选择，要求符合以下条件：背风向阳，东、西、南三面开阔，无遮阳，以利于大棚采光。沿海地区按台风风向东西方向建棚，内陆地区按采光度南北方向建棚。丘陵地区要避免在山谷风口处或低洼处建棚。地面平坦，地势较高，土壤肥沃，灌排水方便，水质无污染，地下水位在1.5米以下；水电路配套，交通便利，建棚时材料运进和产品运出要方便。建棚前，还要充分准备材料，所有物资都要到位。

四、大棚的规模与布局

1. 确定大棚方位

大棚的方位有东西向和南北向两种，即东西向大棚和南北向大棚。两种方位的大棚在采光、温度变化、避风雨等方面有不同的特点，一般来说，东西向大棚，棚内光照分布不均匀，畦北侧由于光照较弱，易形成弱光带，造成棚内北侧蚕豆生长发育不良。南北向大棚则相反，其透光量不仅比东西向多 5%～7%，且受光均匀，棚内白天温度变化也较平稳，易于调节，棚内蚕豆枝蔓生长整齐。因此，通常采用南北向搭建，偏角最好为南偏西，大棚的长度控制在 100 米以内。

2. 合理布局

大棚的方向确定后，要考虑道路的设置、大棚门的位置和邻栋间隔距离等。场地道路应该便于产品的运输和机械通行，路宽最好能在 3 米以上。大棚最好在一条直线上，便于铺设道路。以邻栋互相不遮光和不影响通风为宜。一般从光线考虑，棚间东西距离不少于 2 米，南北距离不少于 5 米。

目前，生产上常用的塑料大棚面积为 0.5～1 亩，宽 6～8米，长 40～60 米，棚长则保湿性能好，适宜蚕豆栽培。

大棚的长宽比对其稳定性有一定的影响，相同的大棚面积，长宽比越大、周长越大，地面固定部分越多、稳定性越好。一般认为，长宽比大于或等于 5 较好。

棚体的高度要有利于操作管理，但也不宜过高，过高的棚体表面积大，不利于保温，也易遭风害，而且对拱架材质强度要求也高，提高了成本。一般简易大棚的高度以 2.2～2.8 米为宜。

棚顶应有较大坡度，防止棚面积雪，减小大风受力，其高跨比一般为 1 : 3。

五、塑料大棚的建造

1. 拱圆形竹木结构塑料大棚的建造

拱圆形竹木结构塑料大棚一般有立柱 4～6 排，立柱纵向间隔 2～3 米，横向间隔 2 米，埋深 50 厘米。要建造一个面积为 1亩、跨度 10～12 米、长 50～60 米、矢高 2～2.5 米的竹木结构大棚，需准备直径 3～4 厘米的竹竿 120～130 根，5～6 厘米粗

的竹竿或木制拉杆 80～100 根，2.6 米长的中柱 40 根左右，2.3
米长的腰柱 40 根左右，1.9 米长的边柱 40 根左右，中柱、腰柱
和边柱顶端要穿孔，以便固定拉杆。还要准备 8 号铁丝 50～60
千克，塑料薄膜 130～150 千克。

确定好大棚的位置后，按要求画出大棚边线，标出南北两头
4～6 根立柱的位置，再从南到北拉 4～6 条直线，沿直线每隔
2～3 米设 1 根立柱。支柱位置确定后，开始挖坑埋柱，立柱埋
深 50 厘米，下面垫砖以防立柱下陷，埋上要踏实。埋立柱时，
要求顶部高度一致，南、北向立柱在一直线上。

立柱埋好后即可固定拉杆，拉杆可用直径 5～6 厘米粗的竹
竿或木杆，用铁丝沿大棚纵向固定在中柱、腰柱和边柱的顶部。
固定拉杆前，应将竹竿烤直，去掉毛刺，竹竿大头朝一个方向。

拉杆装好后再上拱杆，拱杆是支撑塑料薄膜的骨架，沿大棚
横向固定在立柱或拉杆上，呈自然拱形，每条拱杆用两根，在小
头处连接，大头插入土中，深埋 30～50 厘米，必要时两端加
"横木"固定，以防拱杆弹起。若拱杆长度不够，则可在棚两侧
接上细毛竹弯成拱形插入地下。拱杆的接头处均应用废塑料薄膜
包好，以防磨坏棚膜，大棚拱杆一般每两根间隔 1.0～1.5 米。

扎好骨架后，在大棚四周挖一条 20 厘米宽的小沟，用于压
埋棚膜的四边。在采用压膜线压膜时，应在埋薄膜沟的外侧埋地
锚。地锚可用 30～40 厘米见方的石块或砖块，埋入地下 30～40
厘米，上用 8 号铁丝做个套，露出地面。

上述工作做完后，即可扣塑料薄膜，扣膜应选在无风的天气
进行。选用厚度为 0.08 毫米的聚氯乙烯无滴膜，增强透光性，
增加光能利用率，也可用聚乙烯薄膜或是用过一次的旧薄膜。根
据大棚的长度和宽度，购买整块薄膜。一般两侧围裙用的薄膜宽
0.8～1.0 米，选用上季或上年用的旧薄膜。扣膜时，顶部薄膜
压在两侧棚膜之上，膜连接处应重叠 20～30 厘米，以便于排水
和保温。扣棚膜时要绷紧，以防积水。

棚膜扣好后，用压杆将薄膜固定好。压杆一般选用直径3~4厘米粗的竹竿，压在两道拱杆之间，用铁丝固定在拉杆上。有的地方不用压杆，而是用8号铁丝或压膜线，两端拉紧后固定在地锚上。

大棚建造的最后一道工序是开门、开天窗和边窗。为了进棚操作，在大棚南北两端各设一个门，也可只在南端设一个门。门高1.5~1.8米，宽80厘米左右。大棚北端的门最好有3道屏障，最里面一层为木门，中间挂一草苫，外侧为塑料薄膜，这样有利于防寒保温。为了便于放风，可把大棚两端的门（做成活门）取下横放在门口，或在薄膜连接处扒口进行通风。拱圆形大棚的结构见图3-1。

图3-1 拱圆形大棚结构示意图

2. 竹木水泥混合拱圆形大棚的建造

这种大棚的建造方法与竹木结构大棚的建造基本一致。但所插立柱是用水泥预制成的。立柱的规格：断面可以为7厘米×7厘米或8厘米×8厘米或8厘米×10厘米，长度按标准要求，中间用钢筋加固。每根立柱的顶端制成凹形，以便安放拱杆，离顶端5~30厘米处分别留2~3个孔，以便固定拉杆和拱杆。一般1亩大棚需用水泥中柱、腰柱各50~60根。

六、塑料大棚的覆盖材料

1. 农膜

按其加工的原料来分，有聚乙烯（PE）膜、聚氯乙烯（PVC）膜、乙烯-醋酸乙烯（EVA）膜等。其中，以乙烯-醋酸乙烯膜性能最好，而聚氯乙烯膜最差。按其性能来分，有普通膜、防老化膜、无滴膜、双防膜、多功能转光膜、多功能膜、高保温膜等。

（1）棚膜。棚膜一般厚 0.07～0.10 毫米，幅宽 8～15 米。棚膜应该符合以下要求：透光率高；保温性强；抗张力、伸长率好，可塑性强；抗老化、抗污染力强；防水滴、防尘；价格合理，使用方便。浙江慈溪当地早春多阴雨、低温、寡照，宜选用多功能转光膜或多功能膜作为棚膜覆盖。现阶段最好的棚膜是 EVA 膜。此膜以乙烯-醋酸乙烯为原料，在添加防雾滴剂后，具有较好的流滴性和较长的无滴持效性。其优点：①保温性好，据浙江省农业农村厅测定，EVA 膜夜间温度比多功能膜高 1.4～1.8℃；②无滴性强，由于 EVA 树脂的结晶度较低，具有一定的极性，能增加膜内无滴剂的极容性和减缓迁移速率，有助于改善薄膜表面的无滴性和延长无滴持效性；③透光率高，据测试，EVA 膜透光率为 84.1%～89.0%，覆盖 7 个月后仍有 67.7%，而普通膜则由 82.3% 降至 50.2%，多功能膜降至 55.0%，EVA 膜的高透光率还表现在增温速度快，有利于大棚作物的光合作用；④强度高、抗老化能力强，新膜韧性、强度高于多功能膜，一般可用 2 年。

（2）地膜。国产地膜的原料为聚乙烯树脂，其产品分普通地膜和微薄地膜两种。普通地膜厚度 0.014 毫米，使用期一般在 4 个月以上，保温增温、保湿性较好。微薄地膜厚度为 0.007 毫米，为普通地膜的 1/2，质轻，可降低生产成本。按颜色分，有黑色、银灰色、白色、绿色地膜，以及黑色与白色、黑色与银白色的双色地膜。早春、秋冬季应选择普通地膜，以利于增温，春、夏季露地可选择微薄地膜。

地膜的作用是提高地温，抑制杂草，抑制晚间土壤辐射降温，保持土壤湿度，改善作物底层光照，避免雨水对土壤的冲刷，使土壤中肥料加速分解并避免淋失，有利于土壤理化性状改善和肥料的利用。在生产过程中覆盖地膜的另一个重要作用是使蚕豆成熟度一致，以利于统一上市，提高产量和效益。

2. 草帘

由稻草、蒲草等编织而成，保温效果明显、取材容易、价格低廉。草帘多在较寒冷的季节或强寒潮天气，覆盖在大棚内小棚膜上或围盖在裙膜上作为增温的辅助材料。使用草帘，一定要加强揭盖管理，当天气转暖或有太阳光照时，及时揭去草帘。早春或秋冬季草帘多在夜晚使用，白天一般都要揭帘，以增加棚内光照。

3. 聚乙烯高发泡软片

聚乙烯高发泡软片是白色多气泡的塑料软片，宽 1 米、厚 0.4～0.5 厘米，质轻能卷起，保温性与草帘相近。

第二节　深耕与整地

一、深耕

作物生长需要一定的耕作深度，农户常年用畜力步犁耕地，土地不平，耕作深度一般只有 12 厘米左右，而且不能很好地翻松土壤。用小四轮拖拉机带铧式犁或旋耕机进行浅翻、旋耕作业，土壤耕层只有 12～15 厘米，致使耕作层与心土层之间形成了一层坚硬、封闭的犁底层，长此以往，熟土层厚度减少，犁底层厚度增加，很难满足作物生长发育对土壤的要求，导致产量受到影响。另外，长期反复大量施用化肥和农药，微生物消耗土壤有机质，磷酸根离子形成难溶性磷酸盐，破坏了土壤团粒结构，土壤表层逐渐变得紧实。坚硬板结的土层阻碍了耕作层与心土层之间水、肥、气与热量的连通性，严重影响土壤水分下渗和透气性能，作物根系难以深扎，导致耕作层显著变浅，犁底层逐年增厚，土壤日趋板结。理化性状变劣，耕地地力下降，制约了产量的提高。

机械深耕是土壤耕作的重要内容之一，也是农业生产过程中经常采用的增产技术措施，目的是为作物的播种发芽、生长发育提供良好的土壤环境。首先，利用机械深松深翻，可以使耕作层疏松绵软、结构良好、活土层厚、平整肥沃，使固相、液相、气相比例相互协调，适应作物生长发育的要求。其次，可以创造一个良好的发芽种床或菌床。对旱作来说，要求播种部位的土壤比较紧实，以利于提墒，促进种子萌动；而覆盖种子的土层则要求松软，以利于透水透气，促进种子发芽出苗。最后，深耕可以清理田间残茬杂草，掩埋肥料，消灭寄生在土壤和残茬上的病虫害等。

深耕包括深翻耕作（即传统的深耕）和深松耕作。

深翻耕作是土壤耕作中最基本也是最重要的耕作措施，不仅对土壤的性质影响较大，同时作用范围广，作用持续时间也远比其他各项措施长，而且其他耕作措施（如耙地等）都是在这一措施基础上进行的。深翻耕作具有翻土、松土、混土、碎土的作用。机械深翻耕作的技术实质是用机械实现翻土、松土和混土。

深松耕作是指超过一段耕作层厚度的松土。机械深松耕作技术的实质是通过大型拖拉机配挂深松机，或配挂带有深松部件的联合整地机等机具，松碎土壤而不翻土、不乱土层。通过深松土，可以在保持原土层不乱的情况下，调节土壤三相比，为作物生长发育创造适宜的土壤环境条件。机械深松整地作业为进行全方位或行间深层土壤耕作的机械化整地技术。这项耕作技术可在不翻土、不打乱原有土层结构的情况下，通过机械达到疏松土壤、打破坚硬的犁底层、改善土壤耕层结构、增加土壤耕层深度，起到蓄水保墒、提高地温、促进土壤熟化、提升耕地地力的作用。同时，还能促进作物根系发育，增强其防倒伏和耐旱能力，为作物高产稳产奠定一定的基础。

二、整地

（一）整地的增产效果

为获取蚕豆的高产，提高经济效益。必须把土质瘠薄的斜坡地，整成土层深厚、上下两平、能排能灌的高产稳产农田。把跑水、跑土和跑肥的低洼田逐步改造成保水、保土和保肥的"三保田"。

（二）整地的技术要求

1. 上下两平，不乱土层

为使新整农田当年创高产，在整地标准上，首先要求地上和地下达到"两平"。地上平是为了减少雨后径流，防止水土流失，有利于排灌，故应根据水源和排灌方向，保持一定的坡降比例，一般是梯田的纵向为 0.3%～0.5%，横向为 0.1%～0.2%。地下平是要求土层保持一定的厚度，不能一头厚、一头薄或一边深、一边浅。如果土层深浅不等，蚕豆的生长就会不一致，达不到平衡增产的目的。一般土层深度要求保持在 50 厘米以上，先填生土，后垫熟土，使熟土层保持在 20～25 厘米。或者采取"两生夹一熟"的办法，即在熟土上垫 3～5 厘米生土，进行浅耕混合，以促进生土熟化。

2. 增施肥料，灌水沉实

为促进土壤熟化，要结合冬春耕地，增施有机肥，重施氮、磷、钾化肥，特别是增施氮素化肥，对蚕豆发苗增产有重要作用。一般每亩施土杂肥 27 500 千克，标准氮素化肥 30～40 千克，过磷酸钙 40～80 千克，硫酸钾 10～15 千克或草木灰 100～150 千克。据试验，每亩施 2 500 千克圈肥，再加施 15～20 千克标准氮素化肥、30～40 千克过磷酸钙、8～9 千克硫酸钾，每亩产荚果 310.1～336.8 千克，比单施 2 500 千克圈肥多产 31.3～84.7 千克，增产率为 10.2%～25.1%。

新整农田由于大起大落，土层悬空不沉实，没有形成上松下实的土层结构，气、水矛盾激化。有的在土层内还有许多暗坷垃，透风跑墒，播种的蚕豆往往因底墒不足而落干吊死，造成缺苗断垄；或遇雨水过多，土壤蓄水过大，地温下降，造成芽涝；或土层塌陷，拉断根系，造成弱苗或死苗。因此，在整地后，应采取灌水沉实的办法，使上下悬空的土层上松下实，灌水要在冬季封冻前或早春解冻后进行，灌水过迟，会造成土壤黏实，地温回升慢，影响适期播种和正常出苗。灌水时要开沟、筑埂，以便于灌透、灌匀。灌水后及时整平地面，耙平耢细，以利于保墒防旱。灌水量不要过多，以润透土层为宜，以免造成土层板结，影响整地效果。

3. "三沟"配套，能排能灌

新整农田要建成高产稳产田，除结合水利配套设施，搞好排灌系统外，还要抓好"三沟"配套，做到防冲防旱、能排能灌，使沟沟相连，彻底解决雨后"半边涝"和"旱天灌溉"问题。

第三节　蚕豆种植的类型和品种

一、蚕豆的类型

(一) 粒型

粒型是蚕豆品种资源主要的分类依据，根据蚕豆籽粒的形状和大小，可分为大粒型、中粒型和小粒型。

1. 大粒型

百粒重在 120 克以上，粒型多为阔薄型，种皮颜色多为乳白色和绿色两种，植株高。大粒型资源较少，约占全国蚕豆品种资源数的 6%，主要分布在青海、甘肃，其次为浙江、云南、四川。其代表品种有青海马牙、甘肃马牙、浙江慈溪大白蚕、四川西昌大蚕豆等。这类品种对水肥条件要求较高，耐湿性差，种植范围窄，局限于旱地种植。其特点是品质好、食味美、粒大、商品价值高，宜作为粮食和蔬菜，是我国传统出口商品之一。

2. 中粒型

百粒重为 70～120 克，粒型多为中薄型和中厚型，种皮颜色以绿色和乳白色为主。中粒型资源最多，约占蚕豆总资源数的 52%，主要分布在浙江、江苏、四川、云南、贵州、新疆、宁夏、福建和上海等地。其代表品种有浙江利丰蚕豆、上虞田鸡青，四川成胡 10 号，云南昆明白皮豆，江苏启豆 1 号等。这类地方品种的特点是适应性广，耐湿性强，抗病性好，水田、旱地均可种植，产量高，宜作为粮食和副食品加工。

3. 小粒型

百粒重在 70 克以下，粒型多为窄厚型，种皮颜色有乳白色和绿色两种，植株较矮，结荚较多。小粒型资源约占蚕豆总资源数的 42%，主要分布在湖北、安徽、山西、内蒙古、广西、湖南、浙江、江西、陕西等地。代表品种有浙江平阳早豆子、陕西小胡豆等。这类品种比较耐瘠，对肥水要求不很严格，一般作为饲料和绿肥种植，也可加工为多种副食品。

（二）生态型

在生态上，我国蚕豆可以分为春性蚕豆和冬性蚕豆两大类型。

1. 春性蚕豆

分布在春播生态区，苗期可耐 3～5℃低温。如将春性蚕豆播种在秋播生态区，不能安全越冬，即不耐冬季−5～−2℃低温。春性蚕豆品种资源约占全国蚕豆总资源数的 30%，其中大粒型占 15%、中粒型占 50%、小粒型占 35%。在全国大粒型品种资源中，春性蚕豆占 70%。

2. 冬性蚕豆

分布在秋播蚕豆生态区，苗期可耐−5～−2℃低温，可以在秋播区安全越冬。主茎在越冬阶段常常死亡，翌年侧枝正常生长发育。冬性蚕豆品种资源约占全国蚕豆总资源数的 70%，其中大粒型占 3%、中粒型占 55%、小粒型占 42%。

（三）株型

蚕豆植株高度受遗传特性和生态条件的双重影响，为数量遗传。由于各生态区降水量和土壤肥力差异很大，造成蚕豆资源的株高差异也很明显。在春播蚕豆生态区，因降水量少，土壤肥力较差，矮秆资源较多，达 48.8%，矮秆资源的株高为 30 厘米；中秆资源为 17.5%；高秆资源为 33.7%。在秋播蚕豆生态区内，因降水量较大，土壤肥力较好，矮秆资源较少，为 18.5%，最矮资源的株高为 38 厘米；中秆资源为 63.4%；高秆资源为 18.1%。从全国蚕豆资源来看，矮秆资源占 27.4%、中秆资源占 50%、高秆资源占 22.6%。

（四）种皮颜色

1. 青皮种（绿皮种）

如浙江上虞田鸡青（绿皮）、四川成胡 10 号（浅绿色）、江苏启豆 1 号（绿色）、云南丽江青蚕豆（青皮）、云南楚雄绿皮豆等，这类品种以南方秋播地区为多。

2. 白皮种

如甘肃临夏大蚕豆、青海 3 号、浙江慈溪大白蚕、湖北襄阳大脚板、云南昆明白皮豆等，这类品种以北方春播地区为多。

3. 红皮种（紫皮）

如青海紫皮大粒蚕豆、内蒙古紫皮小粒蚕豆、甘肃临夏白脐红、云南大理红皮豆、云南盐丰红蚕豆等。

4. 黑皮种

如四川阿坝藏族羌族自治州黑皮种，适于春播地区种植，能耐低温。

此外，按用途，还可分为粮用型、菜用型、肥用型和饲用型 4 种类型；以生育期长短，还可分为早熟型、中熟型和晚熟型。

二、蚕豆的优良品种

（一）收获鲜荚品种

收获鲜荚品种要求百粒鲜重高，单宁含量低，口感好。适合浙江北部地区栽培的主要新品种如下。

1. 慈蚕 1 号（慈溪大粒 1 号）

该品种由慈溪市种子公司由白花大粒的变异单株系统选育而

成，于 2007 年在浙江通过审定。该品种植株长势旺，株高约 90
厘米，叶片厚，单株有效分枝 8～10 个；花瓣白色，花托粉红
色，单株有效荚数 15～20 个，单荚重 35.7 克，2～3 粒荚约占
90%，荚长 13 厘米左右；鲜豆粒淡绿色，长约 3.0 厘米，宽
2.2～2.5 厘米，厚 1.3 厘米左右，百粒重 450 克左右；种皮淡
褐色，种脐黑色，种子百粒重 190～220 克。全生育期约 230 天，
播种至鲜荚采收 200 天左右。鲜豆食用品质佳，商品性好，适合
鲜食和速冻加工。浙北至浙南适播期为 10 月中下旬至 11 月上
旬；单粒点播，每亩用种量 4～6 千克，种植密度为每亩 2 000～
2 500 株；酌施氮肥，增施磷、钾肥。

2. 一青蚕豆

该品种由慈溪市隆帆园艺园、金华婺珍粮油有限公司选育而
成，于 2014 年在浙江通过审定。全生育期 213 天，播种至鲜荚
采收 185 天。株高 95 厘米，分枝 9 个，叶椭圆形，白花，下中
部结荚，单株结荚 25 个，果荚长度 10.5 厘米，3 粒以上荚占
75% 以上，荚壳较薄，百粒鲜重 425 克。嫩豆果皮绿色，果肉口
感糯性鲜美无涩性。经农业农村部农产品质量安全监督检验测试
中心（宁波）检测，蛋白质含量 8.02%、淀粉含量 10.3%。种
子种皮棕褐色带蟹青斑纹，种脐黑色，百粒重 230 克。抗病性经
浙江省农业科学院植物保护与微生物研究所抗性鉴定，抗蚕豆锈
病，中抗枯萎病、褐斑病和赤斑病。该品种需肥量较大，注意合
理增加施肥量。

3. 通蚕（鲜）6 号

冬性、晚熟品种，全生育期 220 天，沿海地区鲜荚上市在
4 月下旬至 5 月上中旬，比日本大白皮早熟 2～3 天。苗期长势
旺，株高 85 厘米，花紫色。单株有效分枝 3.9 个，单株结荚 9 个，
其中一粒荚占 33.6%，二粒以上荚占 66.4%；鲜荚长 10.4 厘
米、宽 2.8 厘米，平均百荚鲜重 2 241.5 克。鲜籽长 3.0 厘米、
宽 2.2 厘米，鲜籽百粒重 429.6 克；干籽百粒重 200 克左右，粗

蛋白质含量 27.9%。其黑脐和种皮浅紫色可作纯度鉴定用。青豆籽速冻加工可周年供应，青荚可直接上市或保鲜出口。

4. 苏蚕 2 号

该品种主茎青绿色，茎秆粗壮，叶片较大，株高中等，110厘米。结荚部位较高，无限生长类型。分枝性强，单株有效分枝 4 个以上；单枝结荚 5 个左右，豆荚长 10.3 厘米、宽 1.8 厘米；平均每荚 2 粒以上，粒长 1.98 厘米，粒宽 1.53 厘米，籽粒较大，粒形中厚，平均百粒重在 118 克以上；紫花，种皮白色，种脐黑色；全生育期 225 天左右；抗赤斑病。

5. 陵西一寸

由日本引进的品种。该品种根系发达，主根粗壮，入土深45~65 厘米，侧根达 35~52 条，单株有根瘤 40~46 粒；茎方形直立中空，茎粗 0.9~1.4 厘米，分枝直接由根际部抽出，株高 109~110 厘米，有效分枝 5~8 个；单株结荚数 13~16 个，荚长 9.3~12.7 厘米，最长荚 15~17 厘米，荚宽 3~3.5 厘米，荚呈圆筒形；鲜豆淡绿色，单株 13.5~15.1 粒，干籽粒淡棕色，种子（长×宽）为 30 毫米×25 毫米，长宽比 1.14~1.20，百粒重 250 克以上，最重达 280 克以上。该品种喜湿润、怕干旱，苗期尤怕水渍淹涝，播时忌施种肥。该品种是鲜食和加工罐头的优质品种，质地细腻糯性好，富含营养，味道鲜美。

6. 日本大白皮

冬性、晚熟品种，全生育期 223 天左右。茎秆粗壮，株高105 厘米，花紫色。单株有效分枝 3 个左右，单株结荚 10 个左右，荚长荚大，其中一粒荚占 26.7%，二粒及以上荚占 73.3%，鲜荚长 10.6 厘米、宽 2.7 厘米，平均百荚鲜重 2 205 克。福建、浙江南部 4 月中旬左右鲜荚上市，浙江北部、上海、江苏 4 月下旬至 5 月上旬鲜荚上市。单荚粒数 1.8 粒，鲜籽长 2.9 厘米、宽2.3 厘米，鲜籽百粒重 395 克；干籽百粒重 175 克，白皮，黑脐。鲜荚可直接上市或保鲜出口，青豆籽可作速冻加工。

7. 海门大青皮

冬性、晚熟品种，全生育期 221 天。株型紧凑，直立生长，茎秆粗壮，株高中等，一般株高 90 厘米，花紫色。分枝较多，单株分枝 4.5 个，单株结荚 12.2 个，每荚 1.6 粒，豆荚长 8.0 厘米。籽粒较大，扁平，粒形阔薄，粒长 2.03 厘米，粒宽 1.52 厘米，种皮碧绿有光泽，种脐黑色，基部略隆起，一般百粒重 115～120 克。干籽蛋白质含量 25%～30%，粗脂肪 1.68%～1.98%，耐寒、抗病、抗倒，熟相好。可纯作，也可与玉米以及蔬菜、药材等间套种。青籽适于鲜食，干籽可加工出口，年出口量在 1 万吨以上。

8. 慈溪大白蚕豆

秋播品种，原产于浙江慈溪，是浙江著名的地方品种，常年种植面积为 15 万亩。分枝性强，结荚多，茎秆粗，百粒重 120 克左右，是秋播蚕豆中较好的大粒种。种皮薄，乳白色，单宁含量低，品种褪色慢，食味佳美，是全年菜用的优良品种。一般干籽亩产量 150～200 千克，籽粒主要供外销用。缺点是不抗病、易倒伏。该品种耐湿性差，对耕作条件要求严格，宜安排在滨海及旱地种植。旱地的增产潜力大于水田。慈溪大白蚕豆属晚熟型，生育期 210 天左右，浙江一般在霜降前后播种，翌年 5 月上中旬收获鲜荚，5 月底成熟。每亩播种量一般为 7.5～10 千克。

（二）收获干籽粒品种

1. 启豆 2 号

冬性、晚熟品种，全生育期 226 天。株型紧凑，直立生长，茎秆粗壮，叶片繁茂。株高 106.2 厘米，花色白中带淡红，偶有红花。单株有效分枝 3.2 个，单株结荚 14.2 个，荚长 9.76 厘米，每荚平均 3.0 粒。豆荚上举，荚壳薄，豆粒鼓凸于豆荚间。豆粒种皮绿色，种脐黑色，粒形中厚、椭圆形，粒长 1.72 厘米，粒宽 1.22 厘米，百粒重 78～80 克。蛋白质含量 27.12%。丰产性好，成熟时具有秆青籽熟的特点。高抗锈病，中感褐斑病，感赤斑病，熟相好。耐寒、耐肥、抗倒伏，适于间作、套种，属粮饲兼用蚕豆。

2. 启豆 1 号

中粒型秋播蚕豆品种，百粒重 90 克左右。分枝性强，结荚多，茎秆粗，耐肥抗倒；耐寒性强，对锈病、轮纹病和赤斑病具有一定的抗性。该品种种皮绿色，种子中厚，成熟较晚，生育期为 200～210 天，在江苏、上海等地种植面积较大。适于长江流域大面积种植。

3. 成胡 10 号

冬、春季均可种植，根系发达，茎秆粗壮长势旺，中熟，生育期 120 天左右。种皮薄浅绿色，百粒重 80～90 克。一般亩产量 150～200 千克，最高为 270 千克。适应性广，抗病性强，抗倒伏，高产稳产，食味好，适宜中等以上肥力土壤种植，是粮、菜、饲兼用的中粒高产品种。

第四节　蚕豆种植方式和技术

一、蚕豆的栽培模式

浙北地区的蚕豆食用多以收获嫩荚为主，为延长蚕豆的采摘季节，做到平衡上市，满足市场需求，推行多种种植模式发展蚕豆生产。主要的栽培模式如下。

1. 大棚栽培技术

在霜降前后播种，蚕豆在自然环境下度过春化阶段，然后扣膜升温，能使蚕豆提前 20 天左右上市。蚕豆苗经过人工低温春化处理，后转入大棚内栽培。蚕豆在 8 月上中旬催芽后低温春化处理，9 月上旬移栽进大棚内，12 月底至翌年 1 月中旬收获。

2. 实行秋播越冬露地栽培

霜降前后播种，4 月底至 5 月中旬收获。

3. 实施间作套种

蚕豆由于植株较高，一般与低矮冬性品种间作，可与大白菜、芹菜、菠菜间作，春化蚕豆可与大棚草莓、花生间作。

二、蚕豆的秋播越冬栽培技术

1. 品种选择

一般在霜降前后播种，蚕豆播种出苗后即进入冬季低温时期，苗期有 2 个多月的缓慢生长期。应选择冬性较强的品种，保证苗期有较强的抗冻性，越冬后幼苗的恢复力较强、耐湿及对赤斑病等叶部病害有较强的抗耐性是重要的选择性状，宜选择通蚕系列以及传统地方品种（海门大青皮、慈溪大白蚕、陵西一寸）。大面积生产不能选用春性品种。

2. 整地

选择轮作 3 年以上的地块。整地前每亩施 2～3 吨的农家肥和 30 千克过磷酸钙，之后根据前作和间作、套种情况进行翻耕或旋耕，开沟作畦、起垄，畦宽和沟深根据地块的给排水条件和间作、套种种植结构而定，一般沟深 20～30 厘米、畦宽 1～3 米。

3. 种子精选及处理

精选无病斑、无破损、籽粒饱满的种子，播种前晒种 1～2 天。用钼酸铵和杀菌剂浸种或拌种。购买种子公司生产包装的标准化包衣种子，不需要进行种子处理。

4. 播种期及播种方法

播期要根据当地气候条件决定，主要的限制因素是温度。通常在当地平均气温降到 9～10℃时播种。以 10 月中下旬为宜，过早播种，植株生长过嫩易受寒害；延迟播种，由于前期生育期短，因此不利于蚕豆早发。在适宜的播期范围内，适当早播对蚕豆获得高产有利。

播种可采用机械或人工，有打穴点播和开行点播两种方式。

播种深度以 3～5 厘米为宜，沙土稍深，黏土、壤土稍浅。播种过深，子叶节上分枝退化，分枝节埋在土中，分枝减少。因此，适当浅播与深播相比，有效分枝可增加 15％左右。

5. 密植结构

蚕豆种植规格的设计是影响光合效率以及能否获得高产的关键。行株距大小要根据地区气候特点、土壤肥力水平、茬口类型和品种特性等决定。一般情况下，每亩 4 500～7 000 穴，每穴 2 粒，大粒型品种可适当降低密度，株行距可采用（100～110）厘米×（25～30）厘米，或（120～125）厘米×（25～27）厘米。用种量根据种子大小按播种规格计算。

6. 施肥

蚕豆的施肥应掌握"重施基肥、增施磷肥、看苗施氮、分次追肥"的原则。整地时已施入足量农家肥和磷肥的地块，在苗期追施钾肥即可（在豆苗 2.5～3 薹叶期每亩施硫酸钾 10～15 千克，不施或慎施氮素肥料）。整地时未施入足量基肥的地块，苗期可每亩追施三元（N：P：K＝15：15：15）含硫复合肥 20 千克。在开花结荚期，还可根外追施钼、硼肥（浓度 0.05％，在始花期、盛花期各喷 1 次），可以获得良好的增产效果。

7. 排水灌水

维持出苗期、花荚期的排灌水良好的状态是十分重要的。在这两个重要的需水时期，如果供水过多或供水不足，都将会严重影响产量。

8. 病虫害防治

全生育期的根茎病害及生育中后期的叶斑病（赤斑病、褐斑病）是常发病，应注意监测，及时防治。

9. 采收

收鲜荚，以豆荚充分鼓粒、荚色保持青绿为最佳采收期。此时荚面微凸或荚背筋刚明显褐变，但种皮尚未硬化，分 2～4 次收获。

三、蚕豆种苗（芽）的春化促早栽培技术

（一）种芽春化处理法

1. 种子精选及处理

精选大小一致、豆粒大、无虫蛀、无病斑、无破损、籽粒饱满的种子，播种前晒种 1～2 天。用钼酸铵和杀菌剂浸种或拌种。购买种子公司生产包装的标准化包衣种子不需要进行种子处理。

2. 品种选择

一般在 8 月上中旬进行春化处理，开花结荚、收获期遇冬季低温时期，应选择冬性较强的品种，宜选择通蚕系列以及传统地方品种（海门大青皮、慈溪大白蚕、陵西一寸）。

3. 浸种催芽

一般在 8 月上中旬在常温下浸种 12～24 小时（根据室温高低不同而异，温度高则浸种时间短），将浸泡充分的种子装在竹筐中，在清水中冲洗干净后，盖上棉布并在室温下催芽，若室温高于 25℃，则应在光照培养箱内催芽或延迟催芽。3 天后，当大部分种子露白，开始进行春化处理。

4. 春化处理

将豆芽在 2～4℃ 低温环境中进行 20 天左右处理，采用 16 小时光照/8 小时黑暗处理，保持湿润。将低温处理后的豆芽置于室温环境下炼芽 1～2 天。

5. 移栽

选择轮作 3 年以上没有种过豆科作物地块的大棚。移栽前半个月整地，每亩施 2～3 吨的农家肥和 30 千克的过磷酸钙，若前茬为蔬菜，可不施基肥。之后根据前作和间作、套种情况进行翻耕或旋耕，开沟作畦、起垄，畦宽和沟深根据地块的给排水条件和间作、套种种植结构而定。一般 8 米标准大棚作 3 畦，每畦种植 2 行，行距 0.8 米，穴距 0.4 米，每穴 1 株，每亩 1 200～

1 800 株。播种时蚕豆芽朝下，边播种边浇水，再盖土 1 厘米。秋季土壤干燥，及时灌水，保持土壤湿润。直至幼苗出土，同时在行间播种备苗，以防缺苗。

（二）蚕豆苗春化处理法

1. 培育蚕豆苗

将蚕豆种子用 50％多菌灵可湿性粉剂 500 倍液浸种 6～24 小时，待种子吸足水分后平铺在育苗盘中（也可在沙盘中进行），覆盖泥炭：蛭石＝10：1 的混合基质，并用薄膜覆盖保湿催芽，搭建遮阳网。当蚕豆苗植株高 5～6 厘米、具 2 片子叶、主根上有白色须根时，将芽苗从苗床移出。

2. 蚕豆苗春化处理

将蚕豆苗放于塑料筐内，套上薄膜袋保湿，移到 0～15℃温度段的人工气候培养箱中，放置 10～20 天，温度由高—低—高模拟冬季自然状态进行春化处理。

3. 移栽

用 50 千克磷肥作为基肥条施（蔬菜地可不用施基肥），将春化处理后的蚕豆苗种植到大棚内，边种边浇定根水，确保成活；密度视季节改变而变化，8～9 月移栽密度为每亩 1 200～1 700 株，10—11 月移栽密度为每亩 3 000～3 500 株；移栽时最高气温高于 25℃时，大棚需盖遮阳网降温。

（三）人工春化处理蚕豆特征特性

蚕豆人工春化处理在立秋（8 月 8 日左右）至寒露（10 月 8 日左右）进行，鲜蚕豆荚最早采摘时间为元旦至春节，至 4 月底露天蚕豆上市前结束。蚕豆人工春化处理后，花芽分化提早、结荚部位降低，呈现边开花、边分枝的特点，分枝丛生，12 月底所有分枝全部开花；结荚率提高，单个分枝结荚最多达 6～10 荚；平均始花叶位 6.15 片叶，始花枝高 11.05 厘米，叶间距不足 2 厘米，植株紧凑，花团锦簇；到 12 月 20 日调查，最高分枝长 26.4 厘米（已打顶），单株结 12.4 荚，平均每分枝结 1.3 荚。

蚕豆属于自花授粉作物，冬季覆盖双层薄膜后，应注意防止棚温过高、分枝过密导致结荚稀少甚至不结荚。

蚕豆经过春化处理后，开花结荚时间提前到11月，并且边开花、边分枝，结荚时间长达5个月，产量提高。尽管生殖生长提前、植株偏矮、结荚数增加，自身根瘤菌固氮量仍能满足蚕豆荚膨大所需养料，整个生育期只需喷施叶面肥。

(四) 秋季管理

1. 浇水

蚕豆种植后正值秋季气候干燥时期，要及时浇水，促进植株分枝及生长，为花芽分化提供所需要的水分。

2. 主茎打顶

蚕豆主茎不结荚，在分枝后期退化。当主茎株高7~8厘米、3叶1心、移栽后1周左右打顶，以促分枝。

3. 盖膜

10月下旬气温下降至15℃时，及时盖上1.2米宽的黑地膜，并在行间地膜下铺滴灌管。黑膜能保持土壤湿润、凉爽，防止杂草滋生及水溅到花器官上。若9月29日移栽蚕豆，1个月后就能开花。

4. 及时灌水

11月上旬开花时，遇晴天应及时灌水，保持土壤湿润、降低地温，有利于结荚。结荚后，及时采用滴灌灌水，提高结荚率、促进豆荚膨大；苗期、花荚期分别喷施0.1%钼酸铵和硼酸钠溶液，增强根瘤菌固氮、提高结荚率。

5. 病虫害防治

秋季蚕豆易发蚜虫，诱发病毒病；苗期高温易发生青枯病死苗。喷药时，注意避开开花时间，以免影响授粉结荚。

6. 防徒长

秋季高温徒长易导致落花落荚，观察叶位间距调控温湿度，防止植株徒长，苗期可用12%烯唑醇可湿性粉剂1 000~1 200

倍液喷雾1次，开花结荚期慎用多效唑调控，防止蚕豆荚畸形。

（五）冬季大棚管理

1. 大棚盖膜

开花结荚期最适温度为 $16\sim20℃$。蚕豆经过春化处理后，抗低温能力减弱，开花结荚期注意防冻。11月中旬，昼夜温差大，当最低气温低于 $12℃$ 时，大棚内先搭建内棚，覆盖内棚膜，昼揭夜盖，防止夜间"暗霜"。12月上旬，当最低气温降低到 $0\sim2℃$ 时，及时覆盖大棚膜，围上裙膜，关棚保温，保持棚内温度在 $15℃$ 以上，确保蚕豆荚膨大，防止"僵荚"而降低产量；中午前后3小时棚温升高时，开棚通风。翌年3月最低温度超过 $10℃$ 时，逐步拆除内棚、裙膜通风；当最高温度超过 $30℃$，及时开棚通风降温，防止高温逼熟、植株早衰。

2. 整枝打顶

分枝下部有 $1\sim2$ 个豆荚 $1\sim2$ 厘米、株高 $30\sim40$ 厘米时，选择晴天摘心打顶，控制株高，提高结荚率，确保营养集中供应蚕豆荚膨大；分枝过密的植株适时剪除基部老叶及过多分枝，每株留 10 个分枝，每亩留 1.3 万个分枝。春节前采摘完蚕豆荚的分枝应及时剪除，确保田间通风透光。

3. 及时灌水

蚕豆荚膨大期，急需水分供应，根据土壤墒情，用膜下滴灌进行灌水，可经常保持土壤湿润状态，促使蚕豆荚膨大。

4. 采摘

春节期间可采摘上市，在豆粒足够大、蚕豆脐转黑前采摘，均可作为鲜食蚕豆。及时剪除鲜蚕豆荚采摘完的分枝，减少养料消耗，有利于不断形成新的有效分枝；4月底露地蚕豆大量上市时，价格下跌，结束整个大棚蚕豆采摘与管理，尽快间套作其他瓜果蔬菜、鲜食玉米等作物。

第四章

豌豆概述

第一节 豌豆的经济价值

豌豆（*Pisum sativum* L.），豆科豌豆属一年生攀缘草本植物。株高 0.5～2 米，叶心形，小叶卵圆形。花萼钟状，裂片披针形；花冠颜色多样，多为白色和紫色；荚果肿胀，长椭圆形，顶端斜急尖；种子圆形，青绿色，有皱纹或无，干后变为黄色。花期 6—7 月，果期 7—9 月，《本草纲目》言"其苗柔弱宛宛，故得豌名"，由此得豌豆名。

豌豆的供食部分多，嫩荚、鲜豆粒和苗梢均可做菜。产品含有丰富的蛋白质、糖和维生素等，营养价值高。据江苏省中国科学院植物研究所分析，我国青豌豆的鲜荚可食率为 99.2％，干物质中含粗蛋白质 24％～25％，可溶性糖 10.11％，还原糖 3.54 毫克/100 克，粗纤维 4.8％，灰分 4.12％～6.50％，维生素 C 51.5 毫克/100 克，还有 17 种氨基酸、磷、铁和钙。

一、豌豆的粮食价值

豌豆是一种可以食用的豆类产品，收获时呈干豆状态，经过加工之后可直接食用，可以作为蜜饯、罐头、炒货等多种食品的原料。另外，豌豆除了可以直接食用之外，还可以经过二次加工，做成干豆产品、豆浆、豆瓣酱等。干豆粒可以提取淀粉，用以制作豆馅、糕点等，也可制成豌豆蛋白粉、豌豆异黄酮等保健食品。

二、豌豆的蔬菜价值

成熟的豌豆可以作为粮食食用，青豌豆和豌豆苗可以作为蔬菜食用，初夏豌豆荚比菜豆早收 10～15 天，能丰富淡季市场的蔬菜品种。软荚豌豆的鲜豆荚可以直接食用。豌豆荚又称荷兰豆，豌豆荚的纤维不发达，颜色翠绿，口感清脆，不存在硬质层，维生素含量较高，是一种营养价值较高的蔬菜。食用的豌豆苗又称龙须菜、豌豆尖，鲜嫩的豌豆苗可以直接食用，是深受消费者喜爱的食物。豌豆荚大、叶肉肥大、维生素丰富、叶片大且嫩，清香甘甜，可炒食和凉拌。嫩荚和鲜豆粒是制罐和速冻的主要原料，加工后可大量出口，冷藏的豌豆苗也远销日本以及东南亚各地。

三、豌豆的药用价值

豌豆的蛋白质中含有人体需要的氨基酸，能促进人体的生长发育，经常食用豌豆可以促进人体营养平衡。豌豆中含有植物凝集素和赤霉素，比普通的蔬菜更具药用价值，可以消炎杀菌，促进新陈代谢。另外，豌豆苗的嫩叶中含有丰富的维生素以及有价值的酶，可以提高人体的抗癌能力，豌豆中的微量元素可以促进人的大脑发育，维持人体胰岛素的平衡。豌豆还可治寒热、止泻痢、益中气、消痈肿。煮食豌豆或用鲜豌豆榨汁饮服，对糖尿病有疗效。

四、豌豆的饲料价值

豌豆中蛋白质含量丰富，与谷物类相比营养价值非常高，可以作为一种非常好的动物饲料，为畜禽提供高质量的蛋白质，促进畜禽生长和发育，有助于牛、羊等反刍动物的生长。

豌豆的茎、叶富含蛋白质，为优质饲料和绿肥。豌豆的生长期较短，耐寒性非常强，能够在小麦、玉米等主要作物收割完之后进行种植。豌豆除了可以作为食物以及动物的饲料外，其植株也可以作为绿肥，具有很好的土壤改良和保肥作用。还能够起到固氮作用，每亩豌豆田可增加纯氮 5～6 千克，相当于 25 千克硫酸铵帮助土地提高的肥力，有助于下一季主要农作物的生长。

总之，豌豆作为一种重要的蔬菜，具有许多独特之处与价值，不仅是一种美味的食品，更是一种重要的营养资源和药物原料。随着营养学和医学研究的不断深入，其价值和作用也将受到更多认识和重视。

第二节　豌豆的种植分布

豌豆因其幼苗"柔软宛宛"而得名。也有人认为，因从西域大宛引入，故称豌豆，别名荷兰豆。因其耐寒力突出，世界上凡能栽培麦类的地区几乎都可以种植，所以豌豆又名寒豆和麦豆。

作为人类食品和动物饲料，豌豆现在已经是世界第四大豆类作物。联合国粮食及农业组织（FAO）统计数据显示，2021 年全世界干豌豆种植面积 621.43 万公顷，总产量 955.82 万吨；全世界青豌豆种植面积 224.13 万公顷，总产量 1 697.50 万吨。同年，中国干豌豆种植面积 94.00 万公顷，总产量 119.00 万吨；青豌豆种植面积 129.59 万公顷，总产量 1 027.43 万吨。中国干豌豆栽培面积和总产量分别占全世界的 15.13% 和 12.45%，青豌豆栽培面积和总产量分别占全世界的 57.82% 和 60.53%。中国是世界第一大豌豆生产国，在世界豌豆生产中占有举足轻重的地位。

中国干豌豆产区主要分布在云南、四川、甘肃、内蒙古、青海等省份。青豌豆主产区位于全国主要大中城市附近，如广东、福建、浙江、江苏、山东、河北、辽宁等省份的沿海市县，以及云南、贵州、四川高海拔区域的反季节种植区。豌豆适应冷凉气候、多种土地条件和干旱环境，具有蛋白质含量高，易消化吸收，粮、菜、饲兼用和深加工增值的诸多特点，是种植业结构调整中重要的间、套、轮作和养地作物，也是中国南方主要的冬季作物、北方主要的早春作物之一。因而，豌豆一直在中国的农业可持续发展和居民的食物结构中有着重要影响。

世界上豌豆主产国和研究水平先进的国家，如加拿大、法国、澳大利亚、美国、俄罗斯、印度都十分重视豌豆种质资源的收集保存和深入研究工作。国际农业研究机构中的国际干旱地区农业研究中心（ICARDA），也开展了豌豆属资源的搜集和研究工作。目前，中国国家种质长期库和中期库共收集保存国内外豌豆种质资源 6 000 多份，其中 80％是国内地方品种、育成品种和遗传稳定的品系，20％来自澳大利亚、美国、法国、英国、俄罗斯、匈牙利、德国、尼泊尔、印度和日本等国家。经过近 20 年的农作物种质资源科技攻关研究，中国已对国家种质库中保存的所有豌豆种质资源进行了农艺性状鉴定，对部分种质资源进行了抗病性、抗逆性和品质性状鉴定，并从中初步筛选出了部分豌豆优异种质用于种质资源改良和直接推广利用，取得了显著的社会效益和经济效益。

第三节 豌豆的起源与分类

一、豌豆的起源

豌豆（*Pisum sativum* L.），英文名为 Pea、Field Pea 和 Garden Pea，是春播一年生或秋播越年生攀缘性草本植物，因其茎秆攀缘性而得名，又名麦豌豆、雪豆、毕豆、寒豆、冷豆、麦豆、荷兰豆等，属长日性冷季豆类，种子在田间出苗时子叶留土。豌豆属于豆科（Leguminosae）蝶形花亚科（Papilion-oideae）豌豆属（*Pisum*），染色体 $2n = 14$。豌豆起源于数千年前的亚洲西部、地中海地区和埃塞俄比亚、小亚细亚西部、外高加索地区。伊朗和土库曼斯坦是其次生起源中心。在中亚、近东和非洲北部还有豌豆属的野生亚种地中海豌豆（*Pisum elatius*）分布，这个亚种与现在栽培的豌豆杂交可育，可能是现代豌豆的原始类型。野生亚种的分布也证明了关于豌豆起源中心的可信性。

豌豆驯化栽培的历史同小麦和大麦一样久远，至少有 6 000 年以上。从位于土耳其新石器时代遗址中发掘出的大约公元前 7000 年的炭化豌豆种子，是考古发现中最古老的证明之一。在古希腊、古罗马时期的文献中，也记载有豌豆的名称，证实豌豆在古代就已被人类种植。豌豆驯化成功后，可能是经南欧向西，之后又向北逐步传播的。豌豆传入印度的时间可能是在古代亚细亚人到达印度之前，传入美国的时间是 17 世纪，传入澳大利亚的时间是在欧洲对这个地区殖民化的过程中。中世纪以前，主要用豌豆干种子，以后菜用品种逐渐发展起来。在瑞典，9—11 世纪的古墓中曾挖掘出用豌豆制作的食物。17 世纪 60 年代，英国从荷兰引入菜用豌豆。到 18 世纪以后，欧洲的豌豆栽培已与禾谷类作物一样普遍。现在几乎已传播到世界上所有能够种植豌豆的地区。

豌豆在我国种植的历史悠久。汉武帝派张骞为使通往西域各国，从而引入粮用豌豆，而后从我国传入日本。在史书上记载有胡豆、豌豆。唐代史书称豌豆为毕豆，此乃豌豆的别名。明、清以来，由海路从欧洲引进菜用和软荚豌豆，广东栽培最早，称为荷兰豆，之后再传播至我国南北各地。明代李时珍称"豌豆种出西湖，其苗柔弱宛宛，故得豌名"。

二、豌豆的分类

栽培豌豆可分为谷实豌豆和蔬菜豌豆两大类。谷实豌豆的花多为紫红色，茎秆和叶柄也带紫红色；茎细，叶小；抗逆性强，产量较高。蔬菜豌豆以白花为主，少数为紫色花；茎粗，叶大；

抗逆性稍弱，产量较低。

　　蔬菜豌豆依茎的生长习性可分为矮生、半蔓性和蔓性 3 类。矮生种茎高在 66 厘米以内，多为早熟的小荚种。半蔓性种的蔓长 66～110 厘米。蔓性种的蔓长 110～200 厘米甚至更长，分枝和结荚多，荚和豆粒均大，多为食荚晚熟种。依豌豆荚的结构可分成硬荚和软荚两种。硬荚种的内果皮在种子膨大前就已革质硬化，不能食用，只采食其鲜豆粒，故硬荚种为粒用豌豆。种子成熟时，内果皮干燥收缩，荚果开裂，散出种子。软荚豌豆的中果皮由许多排列疏松的薄壁细胞组成，内果皮的纤维组织发育迟缓，荚果肉质，幼嫩时豆荚和豆粒均可食用。所以，软荚豌豆也称食荚豌豆。种子膨大成熟后，果皮紧包种子而不开裂。目前，我国生产上应用的豌豆品种相当丰富，有粒用、荚用、豆苗用，有鲜食用或加工用，有早熟、晚熟的，有适合露地栽培或保护地栽培的等各种类型。

第五章

豌豆的主要特征特性及对环境条件的要求

第一节　豌豆的生物学特性

豌豆从播种到成熟的全生育过程可分为幼苗期、伸蔓发枝期、花和荚果生长期、鼓粒成熟期等时期。各生育时期的天数因品种、温度、日照、水分、土壤条件和播种时期的不同而有差别。

豌豆发芽的条件主要是水分、温度和空气，具有正常发芽能力的种子，需吸收相当于种子同等重量的水分。种子吸水膨胀后，在一定的温度条件下，就可以萌发。当满足适当的水分、温度和空气条件后，种子呼吸作用加快，子叶内储藏的蛋白质、脂肪和糖类在酶的作用下开始发生复杂的化学变化。种子内储藏物质的转化，为胚的生长提供了大量的可溶性养料。

种子吸水膨胀、开始发芽时，胚根首先由胚孔穿出，伸入土中。同时，子叶张开，突破种皮露出胚芽，不断向上生长穿过土层。当胚轴伸长时，胚芽露出地表，经阳光照射后由黄转绿，开始进行光合作用。

一、幼苗期

豌豆出苗的最低温度为 4～6℃，在 8～15℃条件下，播种后15 天左右出苗。豌豆种子萌发后，在胚根向下生长的同时，胚芽也向上生长。下胚轴不伸长，子叶留在土中。上胚轴伸长使幼苗露出土表。幼芽出土后继续生长使主茎不断伸长，在起初的 2 个节位上，每节着生较小的 1 片单叶，第一叶最小，第二叶比第一叶稍大，呈三裂片状。

幼苗节间的长度与栽培方式有密切的关系，如植株过密，往往节间拉长，茎纤细，说明幼苗细弱发育不良。在这种情况下，应及早间苗，否则影响花芽分化，导致产量不高。

二、伸蔓发枝期

随着幼茎继续生长，复叶依次出现，主茎下部的复叶，一般具 1 对小叶，中、上部复叶具 2～3 对小叶，主茎在开花前随着叶面积的增大和复叶的出现，节间的长度和直径有明显增大的趋势，这一时期为伸蔓发枝期。

豌豆花芽分化的开始期与发枝期基本一致。秋播豌豆经 110～130 天开始花芽分化，而春播豌豆播后 30～40 天花芽分化。单果花从分化到成花需 40～50 天，从全株来看，秋豌豆从花芽分化到开花需 40～50 天，春豌豆只需 13～23 天。豌豆花芽的着生与分枝密切相关。通常主枝的第一花序着生在高节位分枝的上方，一次枝上的第一花序也着生在二次枝的节位上方，第一花序以上各节可连续开花。因而，分枝数是构成豌豆产量的重要因素，伸蔓期抽生的有效分枝数越多，其产量就越高。春播的生长期短，分枝少，应提高播种密度，以确保每亩分枝数。

三、花和荚果生长期

从始花期到籽粒成熟或打收嫩荚结束，一般需 50～60 天。豌豆自幼芽生出 10 叶时，在叶腋间抽出花梗，花柄比叶柄短。每个花梗常生 1～3 朵小花。极少数为 4～5 朵。以 2 朵最为普遍。豌豆开花次序，每一株由下向上，第一个花序常着生在第 7～第 18 节处，其着生位置与品种的特性有关。早熟品种趋向于矮生，开花的节位低，开花的节数比晚熟品种少，一般着生在第7～第10节处为早熟品种，第11～第15节处为中熟品种，第15节以上的为晚熟品种。

豌豆开花主茎先开，分枝后开。单株开花多少，因品种和栽培条件不同而差异很大，豌豆初期开的花结荚率高，后期顶端开的花，脱落率高，常呈秕粒。每株花由下向上依次出现，先出现的先开花，豌豆全株开花共需14～15天，每天开花的时间为9：00—15：00，其中11：00—13：00为开花盛期，17：00后开花很少。当天开放的花，傍晚旗瓣收缩下垂，第二天会再度开放。

豌豆在开花受精完成后，子房即迅速膨大，经过15～30天，荚果的生长达到最高峰。荚果长椭圆形，扁平，长5～10厘米，腹部微弯，当豆荚的宽度达到最大限度时，荚内的种子已开始形成，此时叶片中的营养物质不断输送到种子内，种子中的粗脂肪、蛋白质和糖类，随着种子增重而不断增加。鼓粒开始，种子中的水分含量最高，随着干物质不断增加，水分含量逐渐下降。

四、鼓粒成熟期

豌豆结荚鼓粒到成熟阶段，是形成种子的重要时期。这个时期发育是否正常，与种子粒重和粒数有密切的关系，要保证种子正常发育。一方面，植株本身的个体发育好，储藏的营养物质丰富；另一方面，为了在后期不早衰，要有充足的水肥供应，若出现干旱要及时进行浇灌，还要保证后期株间的通风透光条件良好，不贪青徒长。

第二节　豌豆的植物学特征

豌豆有越年生（秋播）与一年生（春播）之分，植物器官可分为根、茎、叶、花、荚果和种子6个部分。

一、根

豌豆是直根系作物，有较发达的直根和细长的侧根，主根和侧根上着生许多根瘤。侧根分枝极多，有时部分侧根能发育到主根的长度。豌豆种子萌发时，首先长出1根胚根，胚根的尖端有一个生长点，生长点细胞分生能力极强，能不断分裂形成新的细胞而伸长，即根的生长，从而形成主根。从主根上长出较细的侧根，先向水平方向生长，然后向下斜伸，侧根入土深度与主根一样能够达到1米以上，多数分布在20～30厘米的耕作层内。主根和侧根上都着生有根毛，密生的根毛与土壤颗粒紧密相贴，水分和养分就是靠根毛的吸收而进入植株体内。

豌豆主根开始长出后，在主根的上部靠近种子胚根处先长出数条侧根。幼苗根的伸展是时快时慢交替进行的，在生长缓慢时，上一侧根与新长出的下一侧根相吻合，根的生长速度大约在花原基开始形成时达到最高峰。此后甚至还不到开花时生长速度就急剧降低，某些侧根比另一些侧根具有较大的生长势，它们向下伸展的趋势几乎与初生根相似。

豌豆的根上有根瘤菌共生，形成根瘤。根瘤着生的形状，好像聚集在一起的红枣。根瘤菌从根毛进入根内，使根的原膜细胞受到刺激后加强分裂，形成瘤状物。豌豆的根瘤菌是好气细菌，它的活动主要在地面以下的耕作层内，豌豆的根瘤也主要分布在这一土层的主根和侧根上。深层土壤缺乏空气，根瘤就不能生活。根瘤的体积越大，发育良好，色泽粉红，固氮能力就越强，反之则越差。

根瘤中充满了根瘤菌，能从空气中固定游离的氮素，根瘤和植株本身有密切的共生关系。根瘤在根上的繁殖，需要从植株得到碳水化合物及磷素。营养物质如能充分供应，根瘤菌就发育旺盛，根瘤形成早、体积大、数量多，固氮量也多，豌豆从根瘤得到的氮素供应也就多。初生根和较老侧根上的根瘤是利用子叶储存的物质而生存的。由于随即开始进行固氮，在成苗期通常很难看到明显的缺氮现象。然而，根瘤的早期形成也要付出一定的代价，早期结瘤的幼苗生长缓慢，其根系的大小比没有接种根瘤的植株生长差些。

根瘤数量增长的高峰出现在营养生长中期，这时根瘤重量和植株重量的比值也达到最大。在之后的生长中，根瘤平均体积的增加和固氮率的提高，足够补偿根瘤数目的减少且有余。接近开花时，根瘤的重量和活力都达到最高峰。到了结实期，根瘤就大量消亡，此时整段的根也逐渐腐烂了。

根瘤菌对所寄生的植物有严格选择性，豌豆根瘤菌与蚕豆、扁豆、苕子等有共生作用，在其他豆类作物上则不能寄生或寄生能力很差。根瘤菌在 pH 为 5.1~8.0 的土壤中发育良好，在过酸或过碱的土壤中发育不良，给豌豆增施磷、钾肥料和硼、钼等微量元素肥料，有促进根瘤繁殖和发育的作用。

根瘤形成对不良环境条件的反应，往往比寄主植株更为敏感。例如，光照、温度、湿度等与根瘤的形成有密切的关系，光照强弱、温度高低、湿度大小直接影响根瘤的生长。

豌豆地内原有的根瘤菌种群，一般能保证形成充分有效的根瘤，不需要人工接种。鉴于豌豆对共生固氮的依赖，就能够测定当时的固氮率以及整个生长期到底从大气中获得了多少氮素。根瘤中心细菌组织的血红蛋白显色是反映根瘤菌活力的可靠标志。因此，每一植株上红色根瘤的重量，是表征豌豆固氮潜力的良好指标。种系不同与老嫩不同的植株其固氮能力也有差异。

二、茎

豌豆茎圆而中空，因品种和栽培条件不同，茎有匍匐、蔓生和直立 3 种。茎的长度，一般为 100~300 厘米。矮茎型豌豆株高 25~90 厘米，多为早熟品种，生育期 80~120 天；高茎型多为晚熟品种，生育期 150~180 天；两者之间为中间型。豌豆主

茎的粗细随着品种及栽培条件的不同而变化较大，一般直径为
3～10毫米。茎的表皮光滑无毛，被白色的粉状物。茎上有节，
节是叶柄在茎上的着生处，也是花荚或分枝在茎上的着生处。因
此，节数的多少是直接关系籽粒产量高低的一个形态特征。豌豆
主茎节数的多少因着生密度、品种及栽培条件不同而异，尤以栽
培条件的不同而变化显著。同一品种在不同栽培条件下，其主茎
节数与节间密度变化很大，优良的栽培技术能够促进豌豆植株节
间缩短、节数增加。

　　豌豆的茎既是着生植株各器官的骨架，也是主要的运输组
织，通过茎才能把根系吸收的水分和养分等营养物质运输到各
器官中去，同时茎也是储藏营养物质的地方。所以，茎生长的
优劣与豌豆籽粒产量密切相关。豌豆的分枝主要着生于茎的基
部各节，一般分枝3～4个，少的1～2个，多的可达10个以
上。分枝的数量除了与品种有关以外，还与栽培条件有关，良
好的栽培条件可使豌豆达到适当的分枝数，进而获得理想的
产量。

三、叶

　　豌豆为偶数羽状复叶，由1～3对小叶组成。小叶呈卵圆形
或椭圆形，全缘或下部稍有锯齿，小叶长25～50毫米，小叶数
目自下而上逐步增多。托叶卵形，呈叶状，常大于小叶，包围叶
柄或茎，边缘下部有锯齿。

　　豌豆的复叶由小叶、叶柄和托叶3个部分组成。小叶一般为
1～3对，对生叶柄两边。托叶1对很大，着生在叶柄基部两边，
围抱茎部，每个小叶又着生在小叶柄上。叶柄连着叶片和茎，是
水分和养分运输的通道。复叶的叶轴末端变为卷须，一般有卷须
1～2对，也有无卷须的无须豌豆。

　　豌豆叶片的上、下、外沿都具有表皮细胞，一般无毛，被白
色蜡粉。叶片内有维管束，是水分和养分的运输通道，经过叶柄

与茎连接。表皮下的叶肉细胞中含有叶绿体，叶绿体能在太阳光下，把二氧化碳和水合成有机物质，叶肉细胞中叶绿体含量的多少，能直接影响叶色。

豌豆叶片是进行光合作用的主要器官，当叶片充分长大时，就达到最大的光合强度，其后强度渐减，速度稍快于叶绿素的减少。呼吸强度则随着叶龄增加而稳步下降。

四、花

豌豆的花为腋生总状花序。主茎长出 10 片叶以上时，在叶腋间抽出长花梗，每个花梗常生小花 2 朵，也有 4～6 朵小花。蝶形花，花白色或紫色。豌豆为天然自花授粉作物，但在干燥和炎热的气候条件下也能产生杂交。豌豆的花由花萼、花冠、雄蕊和雌蕊等组成。

1. 花萼

花芽发育成花蕾之后，由萼管和 5 个萼片组成。5 个萼片中有 2 个裂齿很小，位于花的后方，花萼的构造与叶片相同，绿色，能进行光合作用。

2. 花冠

花冠为蝶形，似展翅的蝴蝶。花冠位于花萼的内部，由 5 个花瓣组成。最上面一个大的称旗瓣，在花未开放时，旗瓣包围其余 4 个花瓣。旗瓣两侧有 2 个形状大小相同的翼瓣，下面两瓣的基部连在一起，形似小船，称龙骨瓣。

3. 雄蕊

雄蕊在花冠内部，共有 10 个，其中 9 个雄蕊的花丝连在一起呈管状，将雌蕊包围，另一个雄蕊单独分离，故称两体雄蕊。花药有 4 室，着生于花丝的顶端，其中储藏花粉粒，花粉粒多为圆形。

4. 雌蕊

雌蕊 1 个，着生在雄蕊的中间，雌蕊包括柱头、花柱和子房

3个部分。花柱扁平，顶端扩大，内侧有髯毛。花柱下部为子房，子房1室，内含1～4个胚珠，多数为2～3个胚珠，个别有5个胚珠。

豌豆开花的早晚因品种的不同而异，同一品种内很规律，节数与开花期和成熟期呈正相关关系。同一品种开花早晚与产量有密切的关系。一般早开花的每荚籽实重量比晚开花的高。豌豆开花也与节数有关，节数少的则开花成熟较早，节数多的则开花成熟较晚。

五、荚果

豌豆的荚果由胚珠受精后的子房发育而成，有硬荚和软荚两种。硬荚种的荚壁内果皮有薄似羊皮纸状的厚膜组织，到成熟时，此膜干燥收缩，使荚开裂；而软荚种无此膜，至成熟时不开裂，且软荚种荚内纤维少，故嫩时可食用。豌豆花凋萎后，荚果迅速长大，开花后15～30天，荚果生长量达到最高峰。荚面一般光滑无毛。荚壳由2片合成，合口的一面附着种子的珠柄，称腹缝线，种子成熟后，豆荚可沿背缝线裂开。荚内有种子2～10粒。同一品种在不同的气候条件下，荚色有深浅不同的变化。当多雨湿润时，荚色较深；当干燥时，荚色较浅。

豌豆主茎最下部豆荚距离地面的高度称结荚高度。结荚高低对于豌豆的产量有一定的影响。豌豆结荚高度因品种及栽培条件的不同而不同，其结荚有明显的差异。若栽培不当，结荚部位过高，会使产量受到影响。在田间荫蔽、营养生长和生殖生长不协调的情况下，会使结荚部位增高。

六、种子

豌豆的种子一般呈圆形，因品种不同，种子的颜色有白色、淡红色、褐色、黄白色、绿色以及杂色相间。谷食豌豆的种皮光滑，蔬菜豌豆的种皮皱缩。种子有明显的脐，无胚乳。有2片肥厚的子叶，子叶中含有丰富的蛋白质和脂肪，千粒重一般为100～300克。

种子以种柄着生在荚缝上，种子脱离豆荚后残留的痕迹称为种脐。种脐的中央有脐痕，一端有一小孔，称为珠孔，是种子发芽时胚根伸出的地方。在珠孔相对的一端有一个合点，是胚珠的基部与珠柄相连接的地方。豌豆种子的生命力在常温下可保持3～4年。

种子的消化性随种皮色泽不同而不同，凡有明显橘黄色种皮者消化最快，黄色及绿色种且种皮粗者消化适中，暗色种皮消化较差，具有大理石色种皮皱缩者最不易消化。种子的消化性又因环境及栽培条件等因素不同而异，在不适宜的气候条件下，种子的消化性较差，土壤中富含磷素能提高种子的消化性。若土壤中富含钙盐和碳水化合物，种子的消化性较差，收获未熟的绿色种有最好的消化性。

第三节 豌豆对环境条件的要求

豌豆为一年生或越年生豆科植物，浙北地区菜用豌豆一般在10月25日左右播种，翌年4月中旬收获，其生长发育过程可分为出苗、分枝、开花、结荚和成熟等时期。以半数植株见花为开花期，下部的花形成果荚且形成较大的籽粒时为结荚期。各生育时期对环境条件的要求是不同的。

一、水分

豌豆种子含有较多的蛋白质，发芽时张力大，吸水较多。因此，种子在发芽时需要供给较多的水分。豌豆种子发芽膨胀一般需吸收自身重量100%～110%的水分，最低需吸98%的水才能发芽。吸收水分的多少，又与种子大小、品种特性、引种来源有密切的关系。一般来说，从干旱地区引入的种子，需水较多，生长在较湿润条件下的种子需水较少。不同的生育时期需水量是不同的。豌豆每形成一个单位的干物质，需消耗 800 倍以上的水分。依环境和生长条件的不同，豌豆的蒸腾系数为 $600 \sim 800$。种子萌发要求土壤有较多的水分以满足吸胀的需要。幼苗时期，地上部分生长缓慢，植株小，蒸发量不大，需水量不多。这时根系生长较快，如土壤水分偏多，在田间潮湿的地区，植株基部容易受潮腐烂。在幼苗时期，如果土壤水分适当少一些，加上适时中耕，土壤温度升高、通气良好，豌豆根系就能扎得深、长得好。豌豆开花结荚到种子充实阶段，植株生长快，生长量大，干物质积累多，是需水最多的时候。充足的水分可以增加开花、结荚数量，使种子充实饱满。但此时雨水也不宜过多，要求不燥不湿、阳光充足。如果多雨少日照，容易造成植株过于茂密而柔弱，以及封行过早而株间通风透光不良，乃至徒长。成熟期需水量减少。土壤水分的多少，对豌豆植株生长和产量影响很大。当土壤水分达到田间持水量的 75% 时，最适于豌豆生长，豌豆的耐旱力较强，往往在干燥瘠薄的土壤也能正常生长发育，但土壤湿度降低到田间持水量的 50% 以下，会使豌豆生长发育、产量和品质均受到不良的影响。

二、光照

豌豆属长日照类型植物，其整个生育期需要良好的光照条件。在安排播种方式及间套作物时，都要达到通风透光良好的条件，才能获得理想的产量。如果与高秆、叶茂作物间作，遮光越严重，生长发育越不良。如果栽培密度过大或施用氮肥过多，茎、叶生长过于繁茂，封行过早，通风透光不良，将使豌豆产量受到严重的影响。

豌豆的花荚受遮光条件影响很大，花荚在植株上下各部都有分布。因此，不论上下部每个叶片都要得到充足的光照，才能正常地进行光合作用，制造有机物质，以充分保证各部位花荚的正常发育。所以，光照对豌豆生长发育十分重要。豌豆在昼夜的光照和黑暗交替中，需要连续的光照时间较长，黑暗时间相对较短，在长光照和短黑暗的条件下（这里所谈的长短是相对而不是绝对的），豌豆开花提早，生育期适当缩短。反之，在短光照和长黑暗的条件下，开花期延迟，生育期变长。豌豆分枝较多，节间缩短，托叶变形。但不同的品种对长光照及短黑暗的敏感程度也不尽相同。若为早熟品种，当缩短光照至 10 小时，对开花几乎没有影响。豌豆对光照的反应，在花原基开始出现的时期最敏感，这时光照条件差异与开花成熟有着密切的关系。

三、土壤

豌豆适宜在中性或微碱性土壤上生长，根瘤菌适应碱性的能力较强，在 pH 为 9.6 的土壤中还能生长，但在酸性土壤中发育不良，或者受到抑制，甚至死亡。豌豆适宜的土壤 pH 为 5.5～8.5，最适 pH 为 6.0～7.5。

豌豆对土壤的要求不是很严格，瘠薄的土壤也能种植。但要获得高产，需要排水良好、深厚肥沃的土壤。因此，豌豆地要经常增施有机肥，使土壤疏松，增强其保水保肥能力，促进微生物的活动，使水、肥、气、热协调，达到稳产、高产的目的。土壤有机质和有机肥，对增加豌豆氮、磷和碳素营养有重要的作用。

四、温度

豌豆是耐寒作物，能在低温的情况下生长，在播种至幼苗期需要的温度较低，但在开花结荚期需要的温度较高。豌豆发芽最低温度为 1～2℃，但难以出苗。一般要求出苗的最低温度为 4～6℃，在 0℃幼苗停止生长，在−8～−6℃将受冻害。出苗至现蕾最适温度为 6～16℃。开花最低温度为 8～12℃，最适温度为16～22℃。低于 8℃、高于 26℃，开花便受到影响，在−3℃便受冻害，将造成不实花增多。结荚最适温度为 20～25℃，最低温度为 12～13℃。在低温多湿的情况下，开花至成熟的时间会延长。若温度过高，则提早成熟，降低糖分含量，影响产量和品质。豌豆发芽至成熟需积温 1 700～2 800℃。有些品种类型在生长初期需积温较多，也有一些品种从开花至成熟需积温较多。

五、养分的吸收和矿质营养

1. 光合产物

豌豆的光合作用在叶片充分长大时即达到最大的光合强度，以后强度渐减，速度稍快于叶绿素的减少。另外，呼吸强度随着叶龄增加而逐步减弱。豌豆幼苗初期营养叶的光合强度升高与下降为期较短，但是开花时的小叶能保持接近最大强度的光合作用达 20 天左右。这种小叶为发育中的荚果提供营养，它们的叶绿素和储藏蛋白质的减少也较慢。摘去种子和荚果的试验证明，由于成长着的种子存在而促进了叶片功能期延长。

豌豆新生叶片单位面积同化二氧化碳的最大速率，在不同品种之间有显著的不同，但相同品种内着生在茎的不同部位的叶片之间就没有差异。茎和叶柄的光合和呼吸强度尚有待研究，而托叶的光合作用同它的姊妹小叶一样有效。在大气中的二氧化碳浓度和饱和光强（1.76 万勒克斯）之下，净光合速率的最适温度为 25～35℃。在 18～40℃范围内，新梢的暗呼吸随温度上升而稳定地增强，因此在夜间温度低的条件下，生长的新梢能非常有效地保存碳素。

2. 豌豆矿质营养及养分吸收特点

豌豆需要多种矿质营养元素，氮、磷、钾、钙需要量最多，其次是镁、铁、硫，微量元素有硼、锰、铜、钼、锌、钴、氯等。

（1）豌豆的氮素营养。豌豆种子中含蛋白质 24％左右，氮素是构成蛋白质的基础物质，它是原生质和酶的主要组成部分。所以，氮在豌豆植株体各器官中的含量也比较高，籽粒含

4.5%、秸秆含1.04%～1.4%、鲜茎秆部分含0.65%。豌豆在开花结荚期需氮最多，从开花到成熟需要吸收66%的氮，这个时期氮素供给的多少与干物质的积累呈正相关，植株获得的氮素多，则干物质积累的量也多，就能为豌豆生长发育、产量提高提供物质基础。

豌豆生有根瘤，根瘤中着生根瘤菌，能固定空气中的游离氮素，可供给植株1/3～1/2的氮，这是豌豆植株极其重要的氮给源，同时豌豆植株也从土壤中吸收氮。豌豆根系发达，根瘤多而大，固定的氮素多，植株生长繁茂、健壮而不徒长，产量就高。从土壤中吸收的氮素，包括土壤中原有的氮和施下的有机肥与氮素化肥，因此生产上要施用氮素来补充营养。豌豆施肥要注意以下3点：一是要重视有机肥的施用，腐熟有机肥中的氮肥，有利于豌豆缓慢持续地吸收利用；二是在土壤肥力低和早熟品种营养生长期较短的情况下，为了达到壮苗早发的要求，保证豌豆正常生长发育，需要在底肥中施用少量氮素化肥；三是豌豆植株积累氮素最多、最快的时期是开花结荚期，这一时期虽然豌豆的自身固氮能力强，但在一般情况下，通过自身固氮仍不能满足氮素的需要，因此，抓住花期追肥，对提高产量很重要。

（2）豌豆的磷素营养。磷素在豌豆生长发育过程中起着十分重要的作用。有机物质的转化和运输，往往要经过磷酸化的中间过程才能得以顺利进行。磷是细胞核蛋白、卵磷脂等物质的重要组成元素，在豌豆种子中的含量比较高。由于磷在物质代谢过程中具有很强的活性，容易从植株的老化部分转化到新生组织中而再利用。所以，在磷素供应严重不足时，缺磷症状在老叶上首先出现。

磷对于豌豆生长发育的作用常常比氮更为明显，磷素既有利于营养生长的正常进行，还能促进生殖生长。磷素有利于促进植株根系发达，根瘤发育，枝叶繁茂，积累较多的干物质，加速花、荚、粒发育，还有利于增强植株的抗旱抗寒性。在磷素供应较充足的条件下，豌豆吸磷高峰期出现在开花结荚期，从开花到成熟需吸收 70％的磷。

豌豆施磷的作用是比较明显的，但在不同的土壤中其作用表现有大有小。这与土壤中有效磷含量的高低有密切关系。当 100克干土中有效磷含量在 15 毫克以下时，豌豆施磷就有增产的效果。土壤中有效磷含量越低，施用磷肥的增产作用也就越大。

（3）豌豆的钾、钙素营养。钾在豌豆植株中的含量以幼苗、生长点和叶片中较高。豌豆植株对钾的吸收主要集中在幼苗期和开花结荚阶段，分别约占吸收总量的 60％和 23％。后期则是茎、叶中的钾向荚、籽粒中转移，茎叶中的钾向荚、籽粒中转移往往是很快的。

钾能促进光合作用以及活化酶类，有利于碳水化合物、脂肪和蛋白质的合成。因此，钾能提高豌豆产量和改善其产品品质，增加细胞中的含糖量，使抗寒力提高，还能增强细胞吸持水分的能力，有利于抗旱。在豌豆幼苗期，钾有加速营养生长的作用。在生长盛期，钾和磷配合可加速物质转化，增强植株的组织结构。在结荚成熟期，钾能促进可塑性物质的合成及向籽粒的转移，促进含氮化合物进一步转化为种子中的蛋白质。

钙是豌豆营养中的重要灰分元素之一，成长的植株其钙多存储于老龄叶片中。钙的作用在于促进生长点细胞分裂，加速幼嫩部分的生长。钙能与蛋白质合成过程中所产生的草酸起作用，生成草酸钙而沉淀，可免除草酸过多的毒害作用。在酸性土壤中，施用适量石灰可以调节土壤酸碱度，使之适合豌豆生长及根瘤菌的繁殖活动。根瘤的形成和共生固氮作用，要求较高浓度的钙营养。如果钙不足，则影响生物固氮，致使产量不高。

（4）微量元素。豌豆生长所需要的微量元素主要有镁、锰、钼、锌、铜、硼等，这些元素在豌豆植株中含量虽然很低，但是它们对豌豆各项生理功能的作用都极为重要。微量元素有促进豌豆生长发育、增加产量和改良品质的作用。

钼对豌豆生理功能有多方面的促进作用：能促进根瘤的形成与生长，使根瘤数量增多，体积增大，固氮量提高；可增加豌豆各组织的含氮量，提高蛋白氮与非蛋白氮的比率；可提高叶片中的叶绿素含量；能促进豌豆植株对磷的吸收、分配和转化；能增强豌豆种子的呼吸强度，提高种子的发芽势和发芽力。正是由于钼对豌豆生理功能具有多方面的促进作用，在豌豆的生长发育过程中，钼能促进种子萌发，增加株高、节数和干物质量，使豌豆提前开花、结荚和成熟。且在增加荚数、每荚粒数和百粒重等方面，都有良好的作用。常用的微量元素肥料有钼酸铵。钼酸铵对豌豆的增产效果因土壤不同而异，在碱性条件下，一些钼的氧化物即转化为水溶性的钼；在酸性条件下，有效态的钼（如钼酸根离子）或者被土壤中的活性铁、铝、锰所固定，或者被土壤中的黏土矿物和胶体所吸附，从而使有效钼的含量减少。施钼效果好的土壤：一是含钼量较低的黄土母质、蛇纹石、石英岩风化物发育的土壤，即酸性有机质土；二是酸性土壤（pH 小于 6.0），如沙性黄壤、红壤、砖红壤、赤红壤等；三是含钼量很低的中性土壤或石灰性土壤，尤其是易受旱的石灰性土壤，施钼肥效果更好。

豌豆对硼比较敏感，硼参与分生组织的分化，促进花粉萌发，保证花粉管迅速进入子房，因而也就保证了种子的形成。硼对根系发育、根瘤形成、固氮能力的提高也有重要的作用。因此，在苗期、花期根外喷施硼肥有明显的增产效果。碱性土、大量施用过石灰的土壤、有机质含量低的土壤、淋溶现象严重的酸性土壤，尤其是沙性土壤易缺硼，施用效果好。

在豌豆生长发育中，锰的需要量比其他粮食作物多。它与各种酶的活性有关，是维持植物体内代谢平衡不可缺少的催化物质，能加快光合作用的速度，调节植物体内的氧化还原反应。因此，施用锰肥可以促进株高增高、分枝增多、根瘤数目增多、根瘤体积增大，以及根的重量、耕作层土壤中含氮量的增加。

豌豆对铜很敏感。铜是各种氧化酶活化基的核心元素，在催化氧化还原反应方面起着重要作用，能促进叶绿素形成和蛋白质合成，并且能够提高其呼吸强度。土壤缺铜同时也缺硼，在这些土壤上配合施用铜和硼有良好的效果。

第六章

豌豆栽培技术

豌豆栽培方法北方多以露地春播为主，南方蔓生品种和半蔓生品种以露地秋播为主，矮生豌豆既可采用露地栽培，也可采用保护地栽培。保护地栽培中，塑料大棚的搭建以及深耕与整地技术具体参见蚕豆。

第一节　豌豆种植的类型和品种

一、豌豆的类型

按照植物学性状分类，我国豌豆通常分为蔬菜豌豆和谷实豌豆。蔬菜豌豆又称白花豌豆。花白色，籽实球形，有黄色、白色或微绿蓝色，皮皱不平滑，含糖分较多，多作蔬菜、罐头或采收嫩荚用。植株较柔弱，易遭霜害。我国长江流域以及南方种植蔬菜豌豆较多。谷实豌豆又称紫花豌豆，花紫色，也有红色或灰蓝色，籽粒呈灰白色、淡红色、灰黄色、灰褐色等，或灰中带有各种颜色的斑点，籽粒多平滑无皱裂，植株较高大，能耐霜寒及抵抗不良环境，籽粒品质稍差，可供人类食用或家畜饲料之用。我国长江以北及西北地区种植谷实豌豆较多。

按农艺性状分类，蔬菜豌豆可分为硬荚和软荚2种，谷实豌豆多为硬荚。按种子性状分类，可分为圆粒种、皱缩种和凹入种3类。按生长习性分类，可分为蔓生型、半蔓生型、矮生型3类。按熟期分类，可分为早熟、中熟、晚熟3类。按籽粒大小分类，可分为大粒、中粒、小粒3类。

二、豌豆的优良品种

1. 中豌 6 号

由中国农业科学院以中豌 4 号为母本、4511 豌豆为父本杂交选育而成，为早熟、菜饲两用型豌豆品种。矮生直立，适合间套种。株高 40～50 厘米，茎叶深绿色，白花，硬荚。春播分枝少，一般单株荚果 5～8 个。干豌豆为浅绿色，百粒重 25 克左右。鲜青豆百粒重 52 克左右，青豆出仁率 47.8%。

从出苗至成熟 66 天左右，较常规蔓生豌豆品种早熟 7～20 天。生长势强，抗寒、耐旱，苗期对水分需要较少，现蕾开花到结荚鼓粒期需水较多。对温度适应范围较广，喜冷凉湿润气候，幼苗较耐寒，但花及幼苗易受冻害，生长期适温为 15～18℃，结荚期需 20℃。若遇高温，会加速种子成熟，降低产量和品质。

对土壤要求不严，但以有机质多，排水良好，并富含磷、钾和钙的土壤为宜。适宜的土壤 pH 为 6.0～7.5。土壤过酸，则根瘤难形成，生长不好。该品种在中等肥力、条件良好的情况下，籽粒亩产 150～200 千克，高者达 240 千克以上。青豌豆荚亩产 700～800 千克，前期青豌豆荚产量约占总产量的 50%。籽粒风干物中含粗蛋白质 24% 左右，品质优良，商品性好。

2. 中豌 11 号

由大田种植的中豌 6 号变异株系统选育而成，为干籽粒型豌豆常规种。株高 45～50 厘米，茎叶深绿色，白花，硬荚。单株荚果 8～15 个，荚长 7～9 厘米，荚宽 1.4 厘米，单荚 8～9 粒。节间短，前期青荚产量高，占总产量的 50% 左右，荚果大而饱满。干豌豆浅绿色，百粒重 26 克左右。粗蛋白质含量 24.3%，粗淀粉含量 42.53%，糖含量 13.53%，脂肪含量 2.30%，粗纤维含量 8.36%。抗白粉病，中抗锈病、根腐病、霜霉病。幼苗较耐寒。第一生长周期亩产 305 千克，比对照品种中豌 6 号增产 19.6%；第二生长周期亩产 310 千克，比对照品种中豌 6 号增产

24.5%。适于北方春播、南方冬播。

3. 皖豌 1 号

由安徽省农业科学院作物研究所选育而成，2012 年通过安徽省非主要农作物品种鉴定，属早中熟普通株型品种。该品种鲜食口感好、粒型紧凑饱满、抗倒伏、高产和抗白粉病。平均鲜食青豌豆籽粒亩产量 410 千克。鲜食生育期比对照品种中豌 6 号晚熟 1～2 天。田间综合抗性表现较好，鲜食籽粒饱满、呈青绿色、商品性好，适于安徽种植。

4. 闽甜豌 1 号

由福建省农业科学院植物保护研究所选育而成。中熟，主蔓始花节位在第 13 节左右，从播种到始收，生育期在 80 天左右。半蔓生，主蔓长 85～125 厘米，主蔓 31～36 节，分枝 2～3 个。花白色，双花率高。单株荚 23～30 个。豆荚扁圆形，翠绿色，长 7～9 厘米，宽 1.1～1.3 厘米，厚 1.0～1.2 厘米，单荚重 6.5 克左右。豆荚清香、味甜，食味品质优。每荚含 4～6 粒籽粒，籽粒翠绿色，圆形，饱满。成熟种子绿色，皱缩，百粒重 20 克左右。经福建省农业科学院品质检测，每 100 克鲜样含维生素 C 57.7 毫克、水分 88.6 克、蔗糖 2.0 克、还原糖 2.3 克、蛋白质 2.55 克、粗纤维 0.9 克。经福建省农业科学院植物保护研究所田间病虫害调查，结荚期叶褐斑病轻度发生；虫害有斑潜蝇和蚜虫，斑潜蝇危害较为普遍。一般青荚亩产 800～1 000 千克，适于福建冬季种植。

5. 苏豌 8 号

由江苏省农业科学院蔬菜研究所利用早熟的矮生直立豌豆品种中豌 6 号为母本、矮生早熟大粒甜豌豆品种 S4008 为父本，经过杂交和系统选育而成。该品种具有早熟、高产、抗病等优点。荚长 6.63 厘米、宽 1.90 厘米，百荚鲜质量 1 011.1 克，鲜籽百粒质量 52.0 克，鲜籽粒浅绿色，口感柔糯；抗寒性较好，中抗白粉病；一般亩产鲜荚约 800 千克，适合江苏及相邻地区作保护地或露地栽培种植。

6. 浙豌 1 号

由浙江省农业科学院蔬菜研究所选育而成。2005 年通过浙江省农作物认定委员会认定。植株蔓生，株高约 110 厘米，主侧蔓均可结荚，每株 3～5 蔓，单株结 20～25 荚。播种至鲜荚采收 135～140 天，比对照品种中豌 6 号晚 10 天左右。品质佳，耐储运，适宜鲜食和速冻加工。一般在 11 月上中旬播种，田间生长整齐一致，长势较强，产量高，豆荚、豆粒大，品质、抗性和适应性均较好。鲜荚平均亩产在 1 000 千克以上，适宜浙江种植。

7. 成豌 10 号

由四川省农业科学院作物研究所选育而成，为干、鲜兼用型品种。平均株高 66.2 厘米，有效分枝 4.0 个，小叶 4～6 片，叶绿色，花白色；平均单株结荚 13.4 个，每荚粒数 5.4 粒；成熟荚为黄色，硬荚型；种子为球形，种皮白色，种脐白色，百粒重 17.3 克。经农业农村部食品质量监督检验测试中心（成都）检测，籽粒粗蛋白质含量 23.3%、总淀粉含量 39.7%。田间表现耐白粉病、茎腐病，抗旱性强，耐寒性中等。干籽亩产 150 千克左右，以 10 月底至 11 月初播种为宜，肥土宜迟，瘦土宜早，丘陵宜早，平坝宜迟。种植密度为每亩种植 4 000～5 000 窝，每窝播种 4～5 粒，每亩种植 12 000～15 000 株。

8. 荣涛 9 号

由北京荣涛豌豆产销专业合作社选育而成。株高 50～60 厘米，茎叶深绿色、白花、硬荚。单株荚果 6～8 个，荚长 7～8 厘米，荚宽 1.2 厘米。单荚 6 个左右。第一荚果着生部位距根部多为 20 厘米。成熟的干豌豆浅绿色，百粒重 23 克左右；未成熟的新鲜青豌豆荚果和豆粒均为浅绿色，青豆百粒重 46 克左右。在北京，3 月上旬播种，3 月底至 4 月初出苗，4 月底盛花，6 月 10 日前后成熟，从出苗到成熟 70 天左右。

9. 中秦一号

由中国农业科学院作物科学研究所 EMS 诱变美国来源的豌豆资源"早绿",株高 50 厘米左右,根系发达,较抗根腐病。茎节约 15 个,叶片深绿,鲜茎绿色。初花节位第八节,白色花,双花序。鲜荚绿色,长约 8 厘米,宽约 1.5 厘米,直荚,荚尖端呈钝角形。单荚粒数一般 7~8 粒,单株结荚 15 个左右,鲜粒绿色,呈球形,成熟籽粒绿色皱缩,百粒重 23.5~24.5 克。群体整齐一致,纯合,稳定。全生育期 80 天,属早熟品种。从出苗到采鲜荚 65 天。株高适中,生长势强,茎秆坚韧,抗倒伏性较强。病毒病、白粉病发病率田间调查较低。双荚型,单株荚多,粒多,丰产性好。亩产干籽粒一般在 200~300 千克,亩产鲜荚一般在 1 500~2 000 千克。

第二节 豌豆种植方式和技术

一、我国南方地区豌豆高产高效栽培

(一)常规豌豆栽培方法

1. 播种育苗

豌豆较耐寒而不耐热,适时播种是夺取高产的关键。长江流域地区多为秋播,播种季节因地区而不同,长江中下游地区一般在 10 月下旬至 11 月上旬播种为宜,华南及西南地区南部在 9 月中下旬至 10 月中下旬均可播种。

播种量 80~120 千克/公顷。播种密度:矮生种穴播行距 30~40 厘米,穴距 15~20 厘米,每穴 4~5 粒种子,条播株距 5~8 厘米;蔓生种穴播行距 50~60 厘米,穴距 20~30 厘米,每穴 4~5 粒种子,条播株距 10~15 厘米,覆土 3~4 厘米。

播种前,精选粒大、饱满、整齐和无病虫害的种子,可直接播种,也可先进行低温春化处理。春化处理可以促进花芽分化,降低花序着生节位,提早开花,提早采收,增加产量。春化处理的方法：在播种前，先用 15℃温水浸种，水量为种子体积的 1/2，浸 2 小时后，上下翻动 1 次，使种子充分湿润。种皮发胀后捞出，放在泥盆中催芽，每隔 2 小时用清水清洗 1 次，约经过 20 小时，种子开始萌动，胚芽露出，然后在 2～4℃低温水中处理 12 天，便可取出播种。播种时最好采用根瘤菌拌种，可增产 24.1%～68.3%。

当株高为 25 厘米时，应搭棚，使其攀缘生长，也可播种于棉花行间，以棉花秸秆为攀缘物。可在春节前收割 1～2 次嫩头供食用，采摘嫩头后喷施适量尿素，不会影响豌豆的产量。前茬选择棉花秸秆作支架，穴播于双行棉花的根旁，播种量 45 千克/公顷，每穴 3～4 粒，密度 45 000～52 500 穴/公顷。

近年来，兴起了一种新型的利用地膜覆盖进行豌豆栽培的新方法。该方法在不改变原有种植密度的前提下，在播后苗前采用地膜对豌豆进行覆盖，由于地膜的保水、控草、防病、早熟等综合效果，一般亩产增加 30%以上，由于提早成熟，亩效益增加 50%左右。

2. 整地施基肥

豌豆忌连作，须实行 3～4 年轮作。整地时，将土壤深耕深翻，充分晒垡风化，再细碎表土，开沟作畦，施足基肥，对于地力差的田块和生长期短的早熟品种，基肥中应增施 10 千克尿素，以满足幼苗的生长需要。播前施基肥（N：P：K＝15：15：15 三元复合肥或豆类专用配方肥）600 千克/公顷，进入分枝期后，追肥 1 次，可施尿素 225 千克/公顷，盛花结荚期开始采收青荚时，每隔 10 天施催荚肥或叶面喷施尿素 15 千克/公顷。

3. 田间管理

春播豌豆出苗后，宜浅松土数次，并堆灰或垫稻草护苗防冻，以提高地温促根生长，使叶片肥厚，同时清沟理墒，确保灌排畅通，多雨年份注意排水防涝。秋冬播种豌豆，越冬前须进行 1 次培土，以保温防冻，翌年春雨后松土除草。

现蕾开花时浇小水，干旱时可提前浇水。同时，结合浇水每亩追施速效氮肥 10 千克，以加速营养生长，促进分枝，随后松土保墒，待基部荚果已坐住，浇水量可稍增大，并追施磷、钾肥。每亩可浇施或沟施 20~30 千克复合肥和过磷酸钙 10~15 千克。结荚期在叶面喷施 0.3% 磷酸二氢钾，可增加花数、荚数和种子粒数；结荚盛期保持土壤湿润，促使荚果发育。待结荚数目稳定、植株生长减缓时，减少水量，防止植株倒伏。蔓生和半蔓生豌豆，株高 30 厘米左右需立支架，豌豆茎蔓嫩而密集，宜用矮棚或立架，保持田间通风透光，以利于爬蔓。

4. 采收留种

豌豆属于完全自花授粉作物。但豌豆仍有一定的天然杂交率，特别在炎热、干燥条件下，雌雄蕊有可能露出花瓣外。所以，为保证品种纯度，应使不同品种间有 100~120 米隔离空间。一般生产用种只要注意不同的种间适当隔离即可保留种性，紫花类型的异交率较高，因此白花类型留种田中要特别注意拔除紫花豌豆。试验证明，豌豆中、下部大荚及多粒、大粒型种子具有强遗传性，因此留种应选择具有本品种特征植株的中、下部大荚的多粒、大粒型品种。豌豆籽粒成熟时，绿熟期较黄熟期发芽率高、发芽势强，尤其是含糖量高的皱粒型种子应在绿熟期采收。待后熟以后收取种子，半个月内药物熏蒸保存，以防豌豆象危害。

（二）浙北地区的豌豆栽培方法

浙北地区的豌豆栽培多以冬播、收获嫩荚为主，为延长豌豆的播种、采收季节，做到平衡上市，满足市场需求，推行多种种植模式发展豌豆生产。

1. 豌豆的主要栽培技术

（1）秋播越冬栽培技术。在 10 月中下旬至 11 月上旬播种，翌年 4 月上中旬收获。

（2）春化处理促早秋播技术。7 月底至 8 月初经过人工低温春化处理后，8 月中旬移栽入大田，9 月中下旬至 11 月初收获。

（3）大棚春化促早栽培技术。8月底至9月中下旬经过人工低温春化处理后，9月中下旬至10月中旬转入大棚内栽培，11月中下旬至12月初收获。

（4）间作套种技术。冬豌豆与大白菜、芹菜间作，冬豌豆与玉米、甘薯轮作。大棚春化豌豆与秋冬季花生、草莓间作。

2. 秋播越冬栽培技术

（1）品种选择。一般在10月25日前后播种，豌豆播种出苗后即进入冬季低温时期，苗期有2个多月的缓慢生长期。应选择冬性较强的品种，保证苗期有较强的抗冻性，越冬后幼苗的恢复力较强，宜选择浙豌1号等蔓生豌豆品种。

（2）整地。豌豆忌连作，需实行3～4年轮作。整地前施足基肥，可使豌豆生长健旺，开花结荚多。每亩施农家肥2～4吨、过磷酸钙20～30千克、硫酸钾7～10千克。之后，根据前作和间作、套种情况进行翻耕或旋耕，开沟作畦、起垄，畦宽和沟深根据地块的给水排水条件和间作、套种种植结构而定，一般沟深20～30厘米、畦宽1～3米。

（3）种子精选及处理。精选无病斑、无破损、籽粒饱满的种子，播种前晒种1～2天。用钼酸铵和杀菌剂浸种或拌种。购买种子公司生产包装的标准化包衣种子不需要进行种子处理。

（4）播种期及播种方法。浙北地区10月中下旬至11月上旬，过早播种，植株过嫩易受寒害；延迟播种，由于前期生育期短，影响豌豆产量和品质。

平畦穴播或条播，低湿地垄种。矮生种穴播，行距25～40厘米，穴距15～20厘米，条播株距5～8厘米；半蔓生种穴播，行距40～50厘米，穴距20厘米左右；蔓生种穴播，行距50～60厘米，穴距20～30厘米，条播株距10～15厘米。生长旺盛和分枝多的品种，行距加宽到70～90厘米。干旱时开沟浇水播种，以保证发芽所需的水分。豌豆子叶不出土，可播深些，一般覆土3～4厘米。

（5）田间管理。苗期易生杂草，齐苗后应中耕 2～3 次。若基肥中氮素不足，到苗高 7～9 厘米时，可追施尿素 5 千克，促进幼苗健壮生长和根系扩大、早生大分枝，增加花数和提高结荚率。第二次中耕时进行培土，护根防寒，以利于幼苗安全越冬。早春返青后再中耕 1～2 次，并疏去生长不良或过密的幼苗。支架前进行最后一次中耕，同时浇水、追肥 1 次，每亩施三元（N∶P∶K＝15∶15∶15）含硫复合肥 20～30 千克、过磷酸钙 10～15 千克，冲施或沟施。坐荚后，每亩施尿素 5～10 千克，结荚期叶面喷施 0.2％～0.3％磷酸二氢钾液或 0.03％～0.05％硼酸液各 1 次。也可在开花前、采收前和采收期结合浇水各追施 1 次轻肥，施 2 次复合肥，每亩每次 5～10 千克，施 1 次尿素，每亩 5.0～7.5 千克。

苗期以中耕保墒为主，一般不浇水。抽蔓开花时开始浇水，干旱时可提前浇水。坐荚后 1 周左右浇 1 次水，以保持土壤湿润，浇 2～3 次水后即可采收。多雨时要注意排水防涝。

蔓生品种的茎不能直立，生长期间需要支架。蔓长 30 厘米左右或在抽蔓前支架，架须牢固，防止中途倒塌。同行的架材间用铁丝或尼龙绳横绑连接，距地面 30 厘米处绑第一道，以后随茎蔓生长，每 20 厘米左右绑 1 道，共绑 4 道，拦住豌豆茎蔓并加固支架。也可支篱架，每 15～17 厘米横绑 1 道。如果种植过密或分枝过多，绑蔓时可适当疏枝。半蔓性品种仅需支较矮的简易篱架，只横绑 1～2 道。

（6）收获。软荚种在开花后 12～15 天、豆荚已充分长大、厚约 0.5 厘米、豆粒尚未发育时采收嫩荚。采收过迟，籽粒膨大，豆荚老化，品质下降，而且易使植株早衰。可分 3～4 次收完。硬荚种在谢花后 15～18 天、荚色由深绿色变淡绿色、荚面露出网状纤维、豆粒明显鼓起而种皮尚未变硬时，采收豆荚剥食豆粒。早收，品质虽佳，但产量低；迟收，豆粒中糖分和可溶性氮素减少，维生素 C 的含量迅速下降，淀粉和蛋白质含量增多，豆粒的风味和品质变差。可分 2～3 次收完。采摘时要细心，以免折断花序和茎蔓。收下的产品放阴凉通风处，及时上市或加工，防止因受热而降低品质。干豆粒在开花后 40～50 天采收。

3. 春化处理促早秋播技术

（1）种子精选及处理。精选大小一致、豆粒大、无虫蛀、无病斑、无破损、籽粒饱满的种子，播种前晒种 1～2 天。用钼酸铵和杀菌剂浸种或拌种。购买种子公司生产包装的标准化包衣种子不需要进行种子处理。

（2）品种选择。在 7 月底至 8 月初进行春化处理，宜选择浙豌 2 号、中豌 6 号等适合当地栽培的矮生型豌豆品种。

（3）浸种催芽。常温下浸种 12 小时左右（根据室温高低不同而异，温度高则浸种时间短），选择浸泡充分的种子在 20℃ 光照培养箱内催芽，根据品种特性，一般在 7 天左右、当芽长到 1.5 厘米左右时，开始进行春化处理。

（4）春化处理。将豆芽置于 2～4℃ 低温环境中进行 12 天左右处理，采用 16 小时光照/8 小时黑暗处理，保持湿润。将低温处理后的豆芽置于室温环境下炼芽 1～2 天。

（5）移栽。选择轮作 3 年以上没有种过豆科作物地块的大棚。移栽前半个月整地，每亩施农家肥 2～4 吨、过磷酸钙 20～30 千克、硫酸钾 7～10 千克，之后根据前作和间作、套种情况进行翻耕或旋耕，开沟作畦、起垄，畦宽和沟深根据地块的给排水条件和间作、套种种植结构而定。秋季土壤干燥，及时灌水，保持土壤湿润。同时，在行间播种备苗，以防缺苗。

其他管理及采收参见秋播越冬栽培技术。

4. 大棚春化促早栽培技术

（1）种子精选及处理。精选大小一致、豆粒大、无虫蛀、无病斑、无破损、籽粒饱满的种子，播种前晒种 1～2 天。用钼酸铵和杀菌剂浸种或拌种。购买种子公司生产包装的标准化包衣种子则不需要进行种子处理。

（2）品种选择。在8月底至9月中下旬进行春化处理，宜选择中豌6号及浙豌1号等适合当地栽培的矮生型、半蔓生型豌豆品种。

（3）浸种催芽。常温下浸种24小时左右（根据室温高低不同而异，温度高则浸种时间短），选择浸泡充分的种子在20℃光照培养箱内催芽。根据品种特性一般在7天左右、当芽长到1.5厘米左右时，开始进行春化处理。

（4）春化处理。将豆芽置于2~4℃低温环境中进行12天左右处理，采用16小时光照/8小时光暗处理，保持湿润。将低温处理后的豆芽置于室温环境炼芽1~2天。

（5）移栽。选择轮作3年以上没有种过豆科作物地块的大棚。移栽前半个月整地，每亩施农家肥2~4吨、过磷酸钙20~30千克、硫酸钾7~10千克。之后，根据前作和间作、套种情况进行翻耕或旋耕，开沟作畦、起垄，畦宽和沟深根据地块的给排水条件和间作、套种种植结构而定。秋季土壤干燥，及时灌水，保持土壤湿润。直至幼苗出土，同时在行间播种备苗，以防缺苗。

（6）管理。

①大棚盖膜。开花结荚期最适温度为16~22℃。豌豆经过春化处理后，抗低温能力减弱，开花结荚期注意防冻。11月中旬，昼夜温差大，当最低气温低于12℃时，大棚内先搭建内棚，覆盖内棚膜，昼揭夜盖，防止夜间"暗霜"；12月上旬，当最低气温降低到1~2℃或0℃，及时覆盖大棚膜，围上裙膜，关棚保温，保持棚内温度15℃以上，确保豌豆荚膨大，防止因"僵荚"而降低产量；中午前后3小时棚温升高时，开棚通风；翌年3月最低温度超过10℃时，逐步拆除内棚膜、裙膜通风；当最高温度超过30℃时，及时开棚通风降温，防止高温逼熟、植株早衰。

②及时灌水。蚕豆荚膨大期，急需水分供应，根据土壤墒情，用膜下滴灌进行灌水，可经常保持土壤湿润状态，促使蚕豆

荚膨大。

③采摘。12月上中旬至翌年1月上中旬可采摘上市，当软荚种豆荚已充分长大、厚约0.5厘米、豆粒尚未发育时，采收嫩荚。当硬荚种荚色由深绿色变淡绿色、荚面露出网状纤维、豆粒明显鼓起而种皮尚未变硬时，及时采收。可分2~3次收完，4月初前采收完毕。

二、我国北方地区豌豆高产高效栽培

在北方，豌豆的栽培方式有露地栽培和设施栽培。露地栽培分为春秋两季栽培，因豌豆的耐寒性较强，一般土壤化冻后即可播种，秋季栽培面积相对较小；设施栽培的季节较长，从秋末到春初，有早春茬栽培、秋延后栽培、深冬栽培和冬春茬栽培。栽培形式也多种多样，有改良阳畦栽培、小拱棚栽培、大棚栽培、简易日光温室栽培和日光温室栽培等。其播种时期与茬口安排因栽培方式不同、品种不同而异。

（一）露地栽培

1. 春季露地栽培

（1）适时播种。豌豆喜冷凉湿润气候，不耐干旱高温。所以，各地应在不受冻的前提下适期早播。一般当土壤解冻6厘米时即可播种。北京、天津地区一般于3月中旬播种，河北南部、河南和山东等地3月上旬播种。适当早播，可促进根系发育、植株健壮，并增加花和分枝；如过晚播种，不但采收晚，而且节间长、荚稀、结荚数少。如采用地膜覆盖，还可提前5~6天播种。

（2）整地施肥。豌豆最好实施2~3年及以上的轮作。早春播种时，应在第一年冬天深耕并灌冬水，第二年春天每亩施有机肥2 500~3 000千克、过磷酸钙20~25千克、草木灰100千克。翻地耙平，一般作平畦，畦的大小、宽窄依品种而定。如未浇上冻水，翌年2月底一定要浇水后播种。

（3）播种方式及密度。早春栽培一般采用干籽直播。为提早开花，增加分枝，可进行种子处理。先在室温下浸种 2 小时，待种子吸足水分后，置于温暖的地方催芽；待种子露白后，再置于 0～2℃低温下处理 5～7 天，取出种子进行播种。

一般春季生长期短，密度可大些；矮生品种的密度应大于蔓生品种。点播时蔓生品种行距 40 厘米，株距 10～15 厘米，每穴 2～3 粒种子；矮生品种行距 30 厘米，每公顷播种 120～150 千克。播后覆土 3～4 厘米。入冬前已灌水，则播种前不必润畦，播种后踏实保墒。

（4）田间管理。

①中耕除草。齐苗后及时中耕松土，以提高地温。现蕾前再中耕 1 次，并适当培土。中耕时，植株根部要浅，行间、穴间应深些。开花或抽蔓后不再中耕，但要注意除草。

②及时插架。对于半蔓生和蔓生品种，当植株长到 30 厘米时，要及时插架，防止倒伏。增加通风透光性。

③肥水管理。豌豆的水分管理原则也是"浇荚不浇花"。如土壤不旱，豆荚发育前一般不浇水，进行中耕蹲苗。干旱时，可在现蕾开花前浇 1 次小水。并施入过磷酸钙 10～15 千克/亩、草木灰 100 千克/亩。当小荚坐住后，浇 1 次大水，随水施入尿素 10～15 千克/亩。整个结荚期要保持土壤湿润，需浇水 2～3 次。

（5）适时采收。采收嫩荚的，在谢花后 8～10 天豆荚停止发育、开始鼓粒时采收；食用豆粒的，应在豆荚充分膨大而未开始变干时收获。

2. 秋季露地栽培

（1）种子处理。秋季种植和春季种植有很大不同，必须经过特殊处理，完成种子的春化及前期苗安全越夏。处理方法：播种前浸种 20 小时，沥干后放入 0～5℃的环境中，2 小时翻 1 次，10 天后种子即可通过春化阶段。

（2）整地播种。播种时间一般在 7 月底至 8 月初。如前茬未拉秧，可摘除下部老叶，在其株间挖穴直播，播种深度为4厘米左右。播种时不翻地施基肥，前茬拉秧后，在行内开沟补施基肥，并深锄1遍；也可先在其他地块育苗，待前茬拉秧后整地，每亩施有机肥2 500～3 000千克、过磷酸钙20～25千克。秋季露地栽培生长期较短，播种密度应比春季增大。

（3）田间管理。秋季露地栽培豌豆，其田间管理重在前期。由于播种时白天温度还很高，所以播种或育苗时可采用遮阳网浮动覆盖，以遮光降温、增加湿度，有利于出苗，雨后应及时排水，待最高气温低于25℃时，撤掉遮阳网。

秋豌豆因前期温度较高，植株易徒长，所以现蕾前更应严格控制肥、水，并应加强中耕培土，勤锄、深锄，一般每隔7～10天锄地培土1次。结荚后开始浇水、施肥，每隔10～15天1次。10月中旬以后，气温降低，应停止施肥、浇水。其余管理同春季露地栽培。

（二）塑料大棚栽培

近年来，北方地区保护地栽培豌豆已有一定的面积。一方面，可以提早或延后上市；另一方面，在保护地栽培条件下更适合豌豆的生长发育，豆荚更鲜嫩脆甜、品质好，收获期延长，产量也高。

1. 春早熟栽培

塑料大棚春早熟栽培一般选用蔓生或半蔓生品种，有时也栽培甜豌豆。以抗病、优质、丰产品种为首选，同时配合不同熟性的品种，以便分期分批采收上市。

（1）培育壮苗。早春温度低，大棚一般在2月中下旬适合豌豆生长。因此，为提早采收上市，可采用在加温温室或节能型日光温室中提前育苗的方法，待大棚中的温度适宜时再定植。

播种时期，早春育苗的，苗龄需30～35天，当幼苗具有4～6片真叶时定植。豌豆的根再生能力较弱，不易发新根，而且随着苗龄增大，再生能力减弱。所以，根据苗龄和定植期来推算，育苗时间在 1 月上中旬。

可采用塑料钵育苗，也可采用营养土方育苗。营养土的配制方法为将腐熟马粪、鲜牛粪、园土、锯末或炉灰按 3∶2∶2∶3 的比例混匀，每 1 000 千克再加入硝酸铵 0.5 千克、过磷酸钙 10 千克、草木灰 15～29 千克。将营养土装入营养钵或铺在苗床上，播种前打足底水，苗床按 10 厘米×10 厘米见方划格做成土方。一般采用干籽直播，在塑料钵或营养土方中间挖孔播种，每孔 3～4 粒，播后覆盖 3 厘米的细土保墒。为提高地温、有利于出苗，播种后苗床覆盖塑料薄膜。

播种后正值最寒冷的季节，苗期管理应注重防寒保温。以 10～18℃ 最适于出苗，低于 5℃ 时则出苗缓慢且不整齐，高于 25℃ 则发芽太快、苗瘦弱。出苗后适当降温，白天保持在 10℃ 左右即可。2 片真叶后，提高温度至白天 10～15℃、夜间 5℃ 以上即可。定植前 1 周降温炼苗，以夜间不低于 2℃ 为宜。

苗期一般不浇水，也不间苗、中耕。但温室前后排的苗要倒换位置 1～2 次，即前排倒到后排，后排倒到前排，以使苗生长一致。

（2）定植。

①整地、施肥、扣棚、作畦。春大棚栽培一般应在秋冬茬收获后就深翻，每亩施入有机肥 2 500 千克、过磷酸钙 30 千克、草木灰 50 千克、硝酸铵 15 千克。一般作成宽 80 厘米的畦，中间栽 1 行，或 1.2 米宽的畦栽 2 行，穴距以 15～20 厘米为宜。

②定植。当棚内最低气温在 4℃ 左右时，即可定植。先按行距开沟灌水，再按株距放苗，水渗下后封沟。也可开沟后先放苗，覆土后灌明水或按穴浇水。早春温度低，灌水不要太大。为提高棚温，定植后可加盖小拱棚或两层保温膜。

（3）定植后的管理。

①开花前的管理。定植后一般密闭大棚，当棚内温度超过 25℃ 时，中午可进行短时间通风以适当降温。缓苗后可加大通

风，使棚内温度保持在白天 15～22℃、夜间 10～15℃为宜。如定植水充足，定植后至现蕾前一般不需要浇水施肥。比较干旱时，可适当浇小水。缓苗后及时中耕培土，适当进行蹲苗。直至现蕾前结束蹲苗，其间中耕培土 2～3 次。现蕾后浇头水，并随水施入稀粪、麻酱渣等有机肥。蔓生品种浇水后，要及时插架引蔓。

②开花结荚期的管理。进入开花期应控制浇水，以免落花。待初花结荚后，开始浇水施肥，促进荚果膨大。之后每隔 10～15 天浇水施肥 1 次。进入结荚期，气温逐渐升高，要注意通风换气降温，保持白天 15～20℃、夜间 12～15℃。当白天外界气温达 15℃以上时，可放底风；当夜间最低气温不低于 15℃时，可昼夜放风。气温再高时，可去掉大棚四周薄膜，但不可去掉顶棚，否则处于露地条件下，植株迅速衰老，豆荚品质下降。

③其他管理。蔓生品种和半蔓生品种均需搭架，并需人工绑蔓、引蔓。发现侧枝过多，可适当打掉一些，以防止营养过旺。而对于分枝能力弱的品种，可在适当高度打掉顶端生长点，促进侧枝萌发。

（4）采收。食荚品种在开花后 8～10 天即可采收嫩荚，也可根据市场情况适当提前或延后。

2. 秋延后栽培

大棚豌豆秋延后栽培是利用豌豆幼苗适应性强的特点，在夏秋播种育苗，生长中后期加以保护，使采收期延长到深秋的栽培方式。

（1）栽培时期。华北地区一般 7 月直播或育苗，9 月开始采收，11 月上中旬拉秧。秋延后栽培也以蔓生品种和半蔓生品种为主，根据前茬作物拉秧早晚，选择不同熟性的品种。

（2）直播方法及苗期管理。

①施肥、作畦。前茬作物拉秧早时，每亩施入有机肥 5 000千克，后深翻、作畦。分枝多的蔓生品种作 1.5 米宽的畦，播 1

行；分枝弱的半蔓生品种作1米宽的畦，播1行。播种时，沟施过磷酸钙10千克/亩；前茬作物拉秧较晚时，可在其行间就地直播，前茬拉秧后再开沟补施基肥。

②种子处理及播种密度。夏季高温期播种的，一般花芽分化节位较高，所以常采用种子处理方法（见秋季露地栽培）来促使提早进行花芽分化，降低节位。直播时应先浇水，待湿度适宜时播种。穴距20～30厘米，每穴3～4粒种子。也可采用条播，但应控制好播种量，防止过密。

③播后管理。播种时，大棚只保留顶膜防雨。出苗后立即中耕，促进根系生长，并严格控制肥、水。整个苗期一般要中耕培土2～3次，适当进行蹲苗。植株开始现蕾时，进行浇水管理。

（3）育苗方法及苗期管理。前茬拉秧较晚时，可采取育苗移栽的方法，通常在7月中下旬育苗。选择通风和排水良好的地块做成苗床，浇足底水，施足底肥，一般苗期不再浇水施肥。按10厘米×10厘米的穴距进行播种，每穴3～4粒种子。为遮光降温、防止雨淋，应搭设遮阳棚。8月定植，苗期20～25天。

（4）田间管理。定植后2～3天浇缓苗水，然后中耕蹲苗，之后管理与直播相同。现蕾时浇1次水，每亩施入硫酸铵15千克，中耕培土并及时插架。当部分幼荚坐住并伸长时，开始加强肥水管理，隔7～10天浇水1次，隔1天追施稀粪或化肥1次。10月上旬后，减少浇水并停止施肥。

大棚的温度管理，前期以降温为主。9月中旬以后，当夜间温度降到15℃以下时，可缩小通风口，并不再放夜风，白天超过25℃才放风。10月中旬以后，只在中午进行适当放风，当外界气温降到10℃以下时，不再放风。早霜来临后，应加强防寒保温，大棚四周围上草帘等，尽量延长豌豆的生长期和采收期。

（5）采收。前期温度较高，应适当早采，促进其余花坐荚及小荚发育；后期温度低，豆荚生长慢，应适当晚采，市场价格更好。

（三）日光温室栽培

1. 早春茬栽培

（1）播种期的确定。日光温室早春茬栽培豌豆的供应期应在大棚春早熟之前。所以，播种期的确定应根据供应期、所用品种的嫩荚采收期长短来推算，当然也要视前茬作物拉秧早晚而定。前茬一般为秋冬茬茄果类、瓜类或其他蔬菜，拉秧时间在 12 月上中旬至翌年 2 月初，那么，日光温室早春茬的播种期应在 11 月中旬至 12 月下旬。12 月下旬至翌年 2 月上旬定植，收获期则在 2 月初至 4 月下旬。因苗期正处于最寒冷季节，育苗应在加温温室或日光温室加多层覆盖条件下进行。

（2）育苗及苗期管理。育苗方法基本同塑料大棚春早熟栽培，采用塑料钵或营养土方育苗，每钵 2～4 粒种子。4～6 天后出苗，每穴留 2 株。培育适龄壮苗是栽培成功的重要环节之一，苗龄过小，会影响早熟；苗龄过大，植株容易早衰或倒伏，从而影响产量。适龄壮苗的标准是 4～6 片真叶，茎粗节短，无倒伏现象。苗龄一般为 25～30 天。

（3）定植。

①整地施肥。温室栽培植株高大，根系分布较深，应深翻 25 厘米以上。每亩施入优质农家肥 5 000 千克、过磷酸钙 50 千克、草木灰 50 千克。混匀耙平之后作成 1 米宽的畦，栽 1 行，或作成 1.5 米宽的畦，栽 2 行。

②定植方法。营养土方育苗时，应在定植前 3～5 天起土蹲苗；塑料钵育苗时，可随栽随将苗倒出。定植时，先在畦内开 12～14 厘米深的沟，边浇水边将带坨的苗栽入沟内，水渗下后封沟覆土、耙平畦面。一般单行定植时穴距 15～20 厘米，双行定植时穴距 20～25 厘米。

（4）定植后的管理。

①温度管理。缓苗期间温度应略高，从定植至现蕾开花前，白天保持在 20℃左右，超过 25℃开始放风。夜间保持在 10℃以

上即可。进入结荚期，白天温度以 15～18℃、夜间温度以 12～16℃为宜。随着外界温度的升高，主要掌握放风的时间和放风量的大小，维持正常的温度。

②肥水管理。定植时浇足底水，现蕾前一般不再浇水，靠中耕培土来保墒。现蕾后浇 1 次水，并施入复合肥 15～20 千克/亩，然后进行浅中耕。开花期控制浇水，第一批荚坐住并开始伸长时肥水齐放。结荚盛期一般 10～15 天浇 1 次肥水，每次施入复合肥 15～20 千克/亩。直到拉秧前 15 天停止施肥，拉秧前 7 天停止浇水。

另外，在苗期、初花期、盛花期、初采期各喷 1 次 0.2%磷酸二氢钾和 0.3%钼酸铵混合液。蔓生品种在蔓长 20～30 厘米时及时插架，并绑缚引蔓。阴雨天较长时，落花落荚严重，可用 5 毫克/千克浓度的防落素喷花。必要时，适当进行整枝。

2. 秋延后栽培

（1）品种选择。日光温室的秋延后栽培以选择早熟矮秆品种为宜，晚熟高秆品种结荚晚，采收期短，而且易倒伏，病害较重。另外，以既耐寒又耐热的品种为首选。

（2）播种期的确定。根据所选品种的生育期和豌豆对生长温度的要求，一般播种期以 8 月初为宜，10 月上旬至翌年 1 月收获。这茬豌豆可比露地栽培延后 50～70 天。

（3）种子处理及播种。低温处理方法见秋季露地栽培。为预防病毒病，可在催芽前用 10%磷酸三钠浸种 20～30 分钟，用清水洗净后再催芽。所选地块每亩施入有机肥 4 000 千克、过磷酸钙 20 千克、适量钾肥。一般采用直播，行距 50 厘米，株距 30 厘米，每穴 3 粒种子。

（4）田间管理。

①温度管理。在温室内最低气温不低于 9℃时，应全天大放风，防止因温度高而徒长或发生病毒病。进入 10 月以后，气温逐渐下降，要逐步减少通风，使温度维持在 9～25℃，并保持

80％～90％的相对空气湿度。11月以后，应密闭温室，夜间加盖草帘，加强保温。

②土、肥、水管理。播种后，应多次进行中耕松土，促进通气，防止土壤板结和沤根。现蕾前浇小水，并追施尿素2次，每次15千克/亩，浇水后松土保墒。从现蕾至第三个荚果采收，停止浇水，进行蹲苗。蹲苗后加强肥水管理，并增施磷、钾肥。结荚盛期温度较低，适当减少浇水次数和浇水量，保持土壤湿润，切忌大水漫灌。另外，在开花前和花后20天各喷1次喷施宝，可提高产量。

3. 冬茬栽培

（1）播种时期。日光温室豌豆冬茬栽培以供应元旦至春节以及早春一段时间市场需求为目的，所以，播种期应早于早春茬、晚于秋冬茬。一般在10月上中旬播种育苗或直播，11月上旬定植，12月下旬至翌年3月下旬收获。

（2）育苗。育苗方法基本同大棚春早熟栽培。因为育苗时温度比较高，所以苗期管理以低温管理为主，白天保持10～18℃。定植前降低到2～5℃，保持3～5天时间，使其通过春化阶段，提早进行花芽分化。

（3）定植。每亩施入优质农家肥5 000千克，深翻耙平。作畦时，每亩再沟施过磷酸钙50～75千克、硫酸钾20～25千克。按1.5米宽、南北向作畦。定植时，在畦中间开10～15厘米深的沟，按穴距20～22厘米栽苗，每穴3～4棵。栽后浇水覆土。

（4）定植后的管理。

①温度管理。定植后至现蕾前，白天温度不宜超过30℃，夜间不低于10℃。整个结荚期以白天15～18℃、夜间12～16℃为宜。

②中耕、蔓生支架。豌豆苗高20厘米时，出现卷须应立即支架。一般搭单排支架，并用塑料绳绑缚以帮助攀缘。中耕只在搭架前进行，搭架后不再中耕。一般浇缓苗水后划锄松土，搭架

前再中耕 1 次即可。

③肥水管理。定植时温度较低，一般浇水较少。所以，应浇缓苗水，水的大小视墒情而定。现蕾前不浇水施肥，当第一朵花已结荚、第二朵花刚谢时，适时浇水施肥。冬茬栽培用水量不大，15 天左右浇 1 次水，并随水施入复合肥 15～20 千克/亩。浇水量不宜过大，否则会引起落花落荚。

（5）防止落花落荚。进入开花盛期，如落花严重，可用 5 毫克/千克浓度的防落素喷花，同时注意放风，调节好温湿度。

第七章
蚕豆和豌豆机械

第一节　概　况

蚕豆和豌豆作为食用豆类作物，种植历史悠久，因其产量高、商品价值好，备受种植户青睐。但随着现代农业的发展和农业新型经营主体的兴起，传统人工生产模式存在生产效率低、人力成本高等缺点，已无法满足新时代的要求。因此，实现蚕豆和豌豆机械化生产需求迫切。

蚕豆和豌豆机械化生产按其种植技术模式，主要包括机械耕整地、机械播种、田间管理、机械收获及后续的秸秆处理。目前，专门针对蚕豆和豌豆研发的生产机械不多，耕整地及田间管理因具有通用性，机械化水平较高；播种、收获及秸秆处理因作物性状及要求不同，机械化水平较低，还存在薄弱环节和技术瓶颈。播种机械大多使用大豆、玉米播种机，因蚕豆种子形状不规则，结合适用的农艺要求，可研制专门的蚕豆播种机。收获机械目前多使用稻麦、大豆联合收获机，缺乏豌豆联合收获机研究。秸秆处理时豌豆秸秆较软，在防缠绕及切碎功能方面还有待研究和提升。

为全面实施蚕豆和豌豆机械化生产，可以将蚕豆和豌豆整合到现代农业生产系统中，构建科学合理的种植体系。在减轻农民劳动强度的同时，提高生产效率和作业质量，推动蚕豆和豌豆规模化、专业化与标准化生产，助力乡村振兴。

第二节 耕整地机械

耕整地机械化作业是蚕豆和豌豆机械化生产的重要与基础环节，为后续机械化播种、田间管理、收获等作业环节做好准备。耕整地是对土地进行耕翻、修整、松土、混合土肥等作业，是改善播种和种子发芽条件的有效措施，为作物的生长发育创造良好的条件。蚕豆和豌豆耕整地主要包括深翻深松、施基肥、旋耕起垄等作业环节，应用到的机械主要包括深翻机械、深松机械、基肥撒施机械、旋耕机械和起垄机械。

一、深翻机械

蚕豆和豌豆生长需要一定的耕作深度，一般要求土层深度保持在 50 厘米以上，熟土层保持在 20~25 厘米。深翻是将上下土层进行翻转，一般采用翻转犁进行作业，可加深耕作层，打破犁底层，清除残茬杂草，消灭寄生在土壤中或残茬上的病虫害，达到疏松熟化土壤、提高肥力的效果。

（一）总体结构和工作原理

翻转犁一般由悬挂机构、翻转机构、犁体、限深轮、犁柱、犁架等组成，其结构示意图如图 7-1 所示。翻转犁通过在犁架

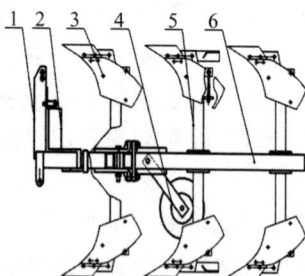

图 7-1 翻转犁结构示意图

1. 悬挂机构 2. 翻转机构 3. 犁体 4. 限深轮 5. 犁柱 6. 犁架

上安装两组左右对称翻垡相反的犁体，在翻转机构的带动下使犁体跟随犁架交替翻转。进行田间作业时，通过调节限深轮的高度就可以改变稳定运动时犁的耕深；翻耕完单向行程时，利用悬挂机构对犁架的高度进行提升，利用翻转机构更换另一方向的铧犁进行后续工作，完成返程作业。

（二）典型机具

东方红 1LF-430 翻转犁

犁体间距（厘米）	105
犁架高度（厘米）	80
作业深度（厘米）	35
配套动力（千瓦）	117.6～147.1
外形尺寸（长×宽×高，毫米）	4 400×2 250×1 750

二、深松机械

蚕豆和豌豆长期种植后，由于浅耕和大量施用化肥、农药形成了较厚的犁底层，并且土壤板结，土壤的蓄水保墒能力、通风透气性能变差，需要间断性地进行深松作业。深松是疏松土层而不翻转土层、保持原土层不乱的一种土壤耕作方法，一般中耕深松深度为 20～30 厘米，对土壤进行疏松，打破犁底层，改善土壤结构，提高土壤透气性，减少地表水分径流，增强土壤深层蓄水保墒能力，为作物生长提供一个良好的土壤环境。深松机按照深松铲的结构形式，分为凿铲式、翼铲式、振动铲式、弧面倒梯形铲式深松机，本部分以凿铲式深松机为例进行介绍。

（一）总体结构和工作原理

凿铲式深松机主要由铲固定装置、机架、悬挂装置、铲柄、铲尖、限深轮等组成，结构示意图如图 7 - 2 所示。在深松作业时，深松机通过悬挂装置与拖拉机相连，通过拖拉机的牵引进行深松作业。深松铲通过铲固定装置与机架紧固连接。拖拉机对深松机的牵引力通过机架传递到深松铲上，转化为深松铲切削土壤的力，从而破坏土壤的黏结力，改善土壤耕层结构，实现土地的深松作业。限深轮的作用是为了控制入土深度，保证深松的深度。

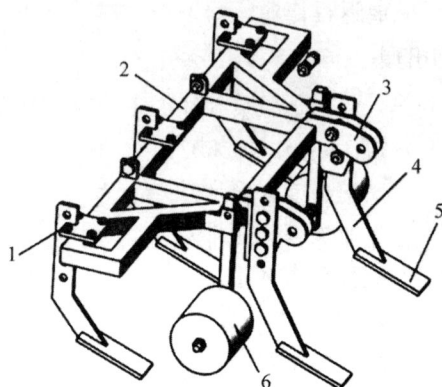

图 7-2　凿铲式深松机结构示意图

1. 铲固定装置　2. 机架　3. 悬挂装置　4. 铲柄　5. 铲尖　6. 限深轮

（二）典型机具

神农 1S-180 型凿铲式深松机

作业幅宽（厘米）	180
深松深度（厘米）	30
配套动力（千瓦）	66.2～88.2
生产率（公顷/时）	0.25～0.38

三、基肥撒施机械

蚕豆和豌豆在播种前需要施足基肥，一般在整地前将基肥施入田间，以满足种植需要。根据蚕豆和豌豆施肥技术，基肥以有机肥、氮磷钾肥或复合肥为主，一般为固态。常用的基肥撒施机械主要有离心圆盘式撒肥机和螺旋式有机肥撒施机。

（一）离心圆盘式撒肥机

1. 总体结构和工作原理

离心圆盘式撒肥机一般由肥料斗、搅拌器、撒肥量调节装置、撒肥盘、撒肥驱动装置、机架等组成，结构示意图如图 7-3 所示。田间作业时，肥料在肥料斗内依靠自重向下落，经过搅拌器时，结块的固态肥料被充分打散，再下落到撒肥盘上，撒肥盘根据行驶速度以相应的速度进行旋转，肥料颗粒在撒肥盘上由旋转引起的离心力向外均匀抛撒。

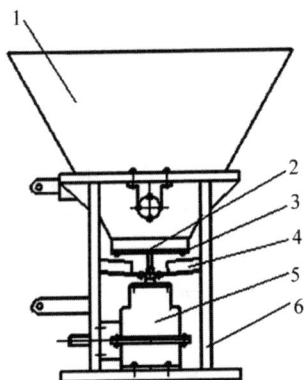

图 7-3　离心圆盘式撒肥机结构示意图

1. 肥料斗　2. 搅拌器　3. 撒肥量调节装置　4. 撒肥盘
5. 撒肥驱动装置　6. 机架

2. 典型机具

天盛 2FGB-1Y 撒肥机

配套动力（千瓦）	36.8～66.2
容积（米^3）	1
抛撒幅宽（米）	6～12
外形尺寸（长×宽×高，毫米）	1 350×1 450×1 580

（二）螺旋式有机肥撒施机

1. 总体结构和工作原理

螺旋式有机肥撒施机主要由牵引装置、固定板、机架、肥箱、液压杆、转板销、地轮、螺旋抛撒装置等组成，结构示意图如图7-4所示。工作时，首先将有机肥运装到撒肥机肥箱内部，肥箱内以传送带方式不断将肥料向箱体末端运送，直到与螺旋抛撒装置的抛撒辊接触，抛撒辊将块状肥料打碎，均匀抛撒出去，从而完成撒肥过程。

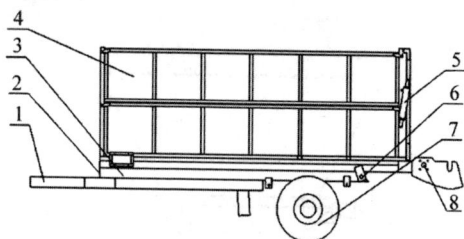

图7-4　螺旋式有机肥撒施机结构示意图

1. 牵引装置　2. 固定板　3. 机架　4. 肥箱　5. 液压杆　6. 转板销
7. 地轮　8. 螺旋抛撒装置

2. 典型机具

世达尔 TMS10700 撒肥机

最大装卸容量（米^3）	10.7
撒播宽度（米）	5
配套动力（千瓦）	58.8~92.0
重量（千克）	2 800
外形尺寸（长×宽×高，毫米）	7 250×2 900×2 400

四、旋耕机械

蚕豆和豌豆起垄播种之前一般先进行表面土层旋耕破碎作

业，将残茬清除并将化肥、农药等混施于耕作层，达到碎土平地的目的，为后续起垄作业做好准备。旋耕机按刀轴的配置方式，可分为卧式、立式和斜置式。目前，卧式旋耕机使用较为普遍，常用的有微型旋耕机和悬挂式旋耕机。这两种机械可根据不同地块规模因地制宜进行选择，微型旋耕机结构紧凑灵活，效率相对较低，适合小块地和简易棚作业；悬挂式旋耕机作业效率高，但需由拖拉机带动，适合大块地和连栋大棚作业。

(一) 微型旋耕机

1. 总体结构和工作原理

微型旋耕机大多是自走式，主要由发动机、机架、行走轮、变速箱、旋耕刀、刀轴、限深轮、挡泥板、扶手等组成，结构示意图如图7-5所示。田间作业时，发动机通过传动系统驱动旋耕刀轴旋转，旋耕刀随着刀轴的转动不断切削土壤，由于刀片特有的形状和切削带来的惯性，土壤被向后抛掷与挡泥板相撞细碎然后落回地面，达到了切土、抛土、碎土、松土及平地的目的。

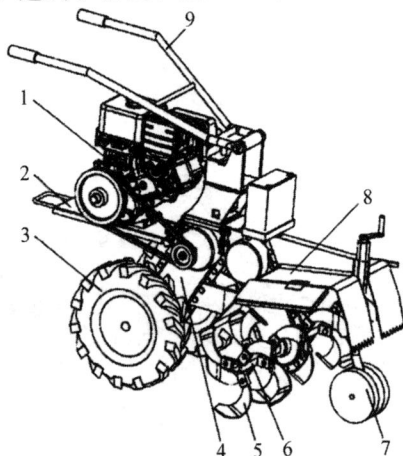

图7-5　微型旋耕机结构示意图

1. 发动机　2. 机架　3. 行走轮　4. 变速箱　5. 旋耕刀　6. 刀轴
7. 限深轮　8. 挡泥板　9. 扶手

2. 典型机具

新牛 1WGQ4.0B 微耕机

额定功率（千瓦）	4
额定转速（转/分）	3 600
重量（千克）	85
耕深（厘米）	≥10
外形尺寸（长×宽×高，毫米）	1 400×750×850

（二）悬挂式旋耕机

1. 总体结构和工作原理

悬挂式旋耕机主要由机架、刀辊轴、接盘、刀片、变速箱、中间犁、悬架、输入轴等组成，结构示意图如图 7-6 所示。悬挂式旋耕机通常与拖拉机组合使用，通过悬架悬挂于拖拉机上，并由输入轴作为主要驱动力使旋耕机能够正常运行。工作时，刀辊轴旋转带动设置于刀辊轴上的若干组刀片一起旋转，从而实现旋耕土地。

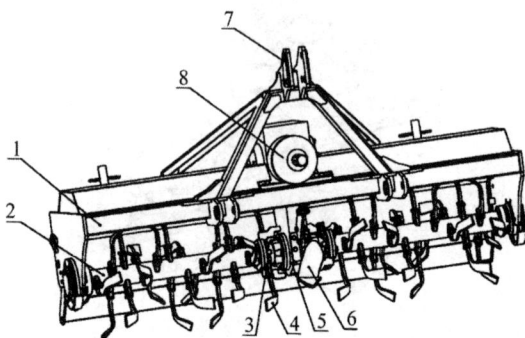

图 7-6　悬挂式旋耕机结构示意图

1. 机架　2. 刀辊轴　3. 接盘　4. 刀片　5. 变速箱　6. 中间犁

7. 悬架　8. 输入轴

2. 典型机具

农哈哈 1GQN-200B 旋耕机

耕幅（厘米）	200
耕深（厘米）	12～16
配套功率（千瓦）	51.5～73.5
整机质量（千克）	450
外形尺寸（长×宽×高，毫米）	2 280×1 300×1 280

五、起垄机械

南方种植蚕豆和豌豆因降水多的原因，须对田块起垄作业，以便于排灌、防旱除涝；起垄还可有效满足苗床育苗和大田播种对垄面平整度、垄面土壤细度的要求；更可以改善土壤团粒结构，增厚活土层，促使根系下扎，增加固氮量，进而增加产量，提高质量，实现丰产和丰收。目前，起垄机按照配套动力，可分为手扶式起垄机和悬挂式起垄机，可根据蚕豆和豌豆的种植模式与种植规模合理选择。

（一）手扶式起垄机

1. 总体结构和工作原理

手扶式起垄机主要由扶手总成、齿轮箱、覆膜机构、覆土轮、整形板组件、安装板、起垄刀组、驱动轮、发动机等组成，结构示意图如图 7-7 所示。起垄的主要过程是旋耕、抛土、拢土、修垄成型，起垄机工作时，发动机提供动力传输给起垄刀辊，使起垄刀组沿着前进方向旋转。随着刀辊的旋转，土壤在两侧起垄刀的切力作用下碎化，同时经碎化的土壤在起垄刀的螺旋推力作用下随刀辊轴向中部输送堆积，最后在整形板的作用下形成完整的垄形。

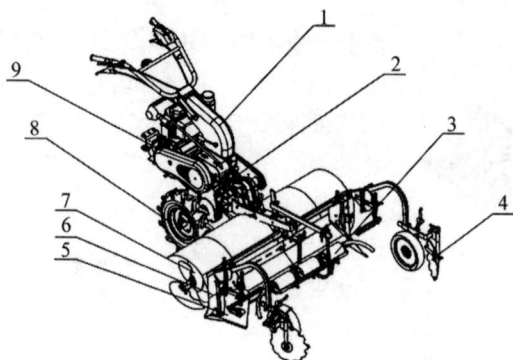

图 7 - 7　手扶式起垄机结构示意图
1. 扶手总成　2. 齿轮箱　3. 覆膜机构　4. 覆土轮　5. 整形板组件　6. 安装板
7. 起垄刀组　8. 驱动轮　9. 发动机

2. 典型机具

悦田 YT10-A 起垄机

起垄高度（厘米）	10～20
垄面宽度（厘米）	45～100
最大输出功率（千瓦）	7.4
外形尺寸（长×宽×高，毫米）	1 630×700×1 200

（二）悬挂式起垄机

1. 总体结构和工作原理

　　悬挂式起垄机主要由变速箱、悬挂组件、旋耕装置、安装架、开沟部件、起垄装置、链轮等部分组成，结构示意图如图 7 - 8 所示。悬挂式起垄机的悬挂组件和拖拉机的悬挂臂连接，拖拉机的输出轴和起垄机变速箱的输入轴用万向连接轴连接锁定，实现变速并转换动力方向，通过传动链轮箱的传动装置将动力输出传到旋耕刀轴，刀轴带动其旋耕刀对土壤进行旋耕碎土作业，起垄装置转动过程中挤压泥土，形成符合农艺要求的垄面。同时，作业时通过开沟部件对垄底和沟底面进行镇压平整。

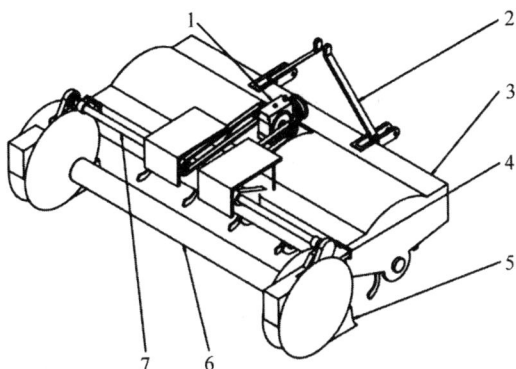

图7-8　悬挂式起垄机结构示意图
1. 变速箱　2. 悬挂组件　3. 旋耕装置　4. 安装架　5. 开沟部件
6. 起垄装置　7. 链轮

2. 典型机具

成帆1ZKNP-140起垄机

起垄高度（厘米）	10～25
垄顶宽（厘米）	80～110
垄距（厘米）	160～170
配套动力（千瓦）	40～69.8
外形尺寸（长×宽×高，毫米）	2 200×1 750×1 300

第三节　播种机械

　　播种是蚕豆和豌豆生产最重要的环节之一，蚕豆播种深度以3～5厘米为宜，每穴2粒种子；豌豆播种深度以3～4厘米为宜，每穴4～5粒种子。播种机是进行播种作业的机具，通过适时正确的播种作业，可提高播种质量，保证种子按时按质发芽和出苗，对能否实现增产丰收有着直接的影响。播种机按照其排种器的原理来分，可分为机械式播种机与气力式播种机两大类。除常规的播种机外，近年来，免耕播种机在我国也广泛应用于作物的播种作业，其使用也逐年增多。

一、机械式播种机

机械式播种属于传统的排种技术，按技术特点，机械式播种机可分为外槽轮式、窝眼轮式、水平圆盘式等类型，机械式播种机利用排种器上的孔来获取种子，并将其输送到指定位置排放。机械式播种机通常配套中小功率拖拉机进行作业，能完成开沟、播种、施肥、覆土镇压等农艺操作，适用于播种豆类作物。

（一）总体结构和工作原理

机械式播种机一般由限深轮、机架、悬挂架、肥箱、种箱、镇压轮、传动链条、排种器、覆土器和开沟器等组成，其结构示意图如图7-9所示。工作时，播种机通过悬挂架连接到拖拉机

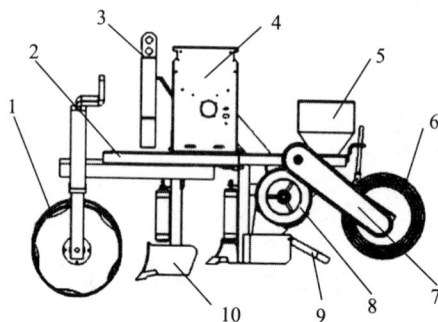

图7-9 机械式播种机结构示意图

1. 限深轮 2. 机架 3. 悬挂架 4. 肥箱 5. 种箱 6. 镇压轮
7. 传动链条 8. 排种器 9. 覆土器 10. 开沟器

后端，由拖拉机带动播种机前行；排肥器将肥料施在肥沟中实现分层施肥，排种器将种箱的种子通过开沟器均匀地排放入种沟，并通过覆土器将种子和肥料覆盖起来；镇压轮将播完的种肥进行仿形镇压，确保播种后保水保墒。

（二）典型机具

东方红 2BMYJ-4 播种机

配套动力（千瓦）	73.5～95.6
播种深度（厘米）	3～5
工作效率（公顷/时）	0.4～0.6
外形尺寸（长×宽×高，毫米）	2 300×2 440×1 270

二、气力式播种机

气力式播种机是一种精密播种设备，多应用于高效率、高速的播种环境，作业时，需要与中大功率拖拉机配套使用，按取种原理，可分为气吸式、气压式、气吹式 3 类。气力式播种机利用气流将种子从播种机内的种子储藏区吸出，与传统机械式播种机相比，具有节省种子、不伤种苗、通用性强、能实现高速作业等优点。

（一）总体结构和工作原理

气力式播种机一般由种划印器、开沟器、排肥装置、种箱、排种器、风机、地轮等组成，其结构示意图如图 7 - 10 所示。作业时，在开沟器开出种沟的同时，利用风机产生的负压力实现种子吸取和排放。排种器一侧与种箱连接，另一侧与风机负压管道相连，种子被吸附后，在负压力的作用下实现输送，到达排种位置后负压力消失，被排放在种沟的位置，种子进入种沟后，后方的地轮进行土壤覆盖，并将表层土壤压实。

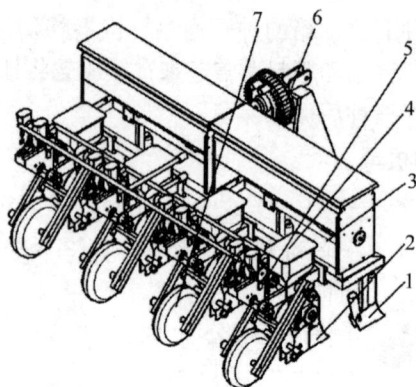

图 7-10　气力式播种机结构示意图

1. 种划印器　2. 开沟器　3. 排肥装置　4. 种箱　5. 排种器　6. 风机　7. 地轮

（二）典型机具

农哈哈 2BYQF-4 气吸式播种机

配套动力（千瓦）	33.1～58.9
播种深度（厘米）	2～5
工作效率（公顷/时）	0.4～1.3
外形尺寸（长×宽×高，毫米）	1 750×2 250×1 250

三、免耕播种机

免耕播种是指在作物收获后不经旋耕、深耕等耕作直接播种，免耕播种技术有利于土壤有机质的积累和团粒结构的恢复，可减少土壤破坏和土地资源浪费，同时还能提高种植效率、降低劳动强度，以及减少农药、化肥的使用，是实现农业可持续发展的重要手段。

（一）总体结构和工作原理

免耕播种机由机架、挡土板、行走轮、变速箱、种箱、排种器、镇压轮、旋耕刀轴、旋耕刀、刀盘等组成，结构示意图如图 7－11 所示。播种机与拖拉机三点悬挂，工作时动力输出轴经过变速箱将动力传到旋耕刀轴，刀轴带动旋耕刀完成破茬、旋耕。位于旋耕刀后面的挡土板具有平地的作用，并可在茬地上开出一条用于播种的种子带，排种器在种子带上直接播种。行走轮可以减小整机的工作阻力，同时对于不平整的土地具有仿形作用，可提高作业速度和预防杂草残茬的拥堵。

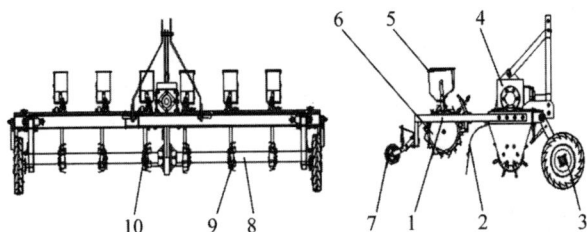

图 7－11　免耕播种机结构示意图

1. 机架　2. 挡土板　3. 行走轮　4. 变速箱　5. 种箱　6. 排种器
7. 镇压轮　8. 旋耕刀轴　9. 旋耕刀　10. 刀盘

（二）典型机具

众荣 2BM-6 免耕播种机

配套动力（千瓦）	66.2～80.9
播种深度（厘米）	0～8
施肥深度（厘米）	0～18
外形尺寸（长×宽×高，毫米）	4 200×2 000×1 500

第四节　田间管理机械

田间管理是蚕豆和豌豆生产的重要环节，采用机械化作业不仅可以提高田间管理效率，节省大量的人力和物力，还可以保证作物的生长和发育。蚕豆和豌豆田间管理主要包括施肥、除草、病虫害防治等作业环节，涉及相关的机械主要包括施肥机械、中耕除草机械和植保机械。

一、施肥机械

施肥是蚕豆和豌豆生长过程中必不可少的一项工作，可以提高土壤肥力，最大限度地保证蚕豆和豌豆在不同的生长时期对于养分的不同需求，科学施肥可促进蚕豆和豌豆的正常生长和发育。目前，施肥采用施入根侧地表以下和根外施肥（叶面肥）的方式，一般采用手扶式微型施肥机、中耕施肥机和喷雾机，现有机型基本能满足作业要求。

（一）手扶式微型施肥机

1. 总体结构和工作原理

手扶式微型施肥机一般由机架、扶手、肥料箱、发动机、行走轮、施肥犁刀、肥料管、开沟刀、限深轮等组成，结构示意图如图 7-12 所示。工作时，发动机将动力传递给行走装置及排肥

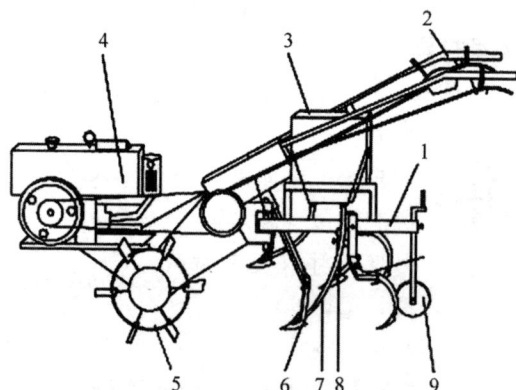

图 7-12　手扶式微型施肥机结构示意图

1. 机架　2. 扶手　3. 肥料箱　4. 发动机　5. 行走轮　6. 施肥犁刀
7. 肥料管　8. 开沟刀　9. 限深轮

装置，使机具以一定的作业速度前进，并驱动排肥装置实现排肥，同时可以根据扶手的调速转把调控转速，从而调节排肥量，肥料通过肥料管和开沟刀均匀地施在作物根须附近，完成施肥作业。

2. 典型机具

春耕 170 微型施肥机

配套动力（千瓦）	5.5
耕深（毫米）	60
耕宽（毫米）	460
外形尺寸（长×宽×高，毫米）	1 500×745×900

（二）中耕施肥机

1. 总体结构和工作原理

中耕施肥机一般由覆土器、施肥开沟器、施肥开沟器支架、排肥器、肥箱、三点悬挂装置、机架和地轮等组成，结构示意图如图 7-13 所示。工作时，中耕施肥机通过三点悬挂装

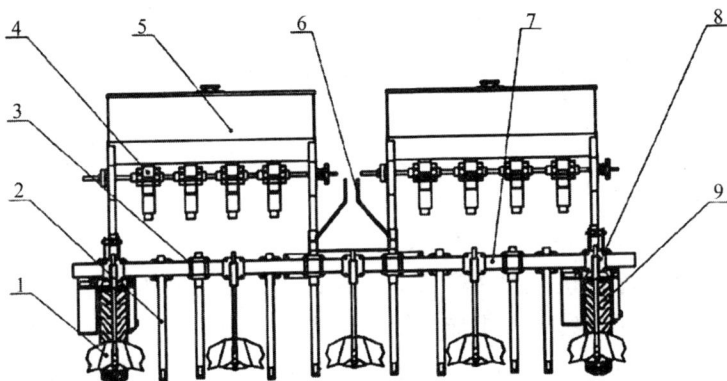

图 7-13　中耕施肥机结构示意图

1. 覆土器　2. 施肥开沟器　3. 施肥开沟器支架一　4. 排肥器　5. 肥箱
6. 三点悬挂装置　7. 机架　8. 施肥开沟器支架二　9. 地轮

置连接到拖拉机后端，拖拉机带动中耕施肥机前进，地轮通过与地面的摩擦力转动而带动排肥器，肥料通过施肥管施在之前施肥开沟器开在根侧的沟里，最后进行覆土，完成中耕施肥作业。

2. 典型机具

布谷 3ZF-6 中耕施肥机

配套动力（千瓦）	40～73
单个肥箱容量（升）	70
工作深度（毫米）	30～120
作业速度（千米/时）	7～10
外形尺寸（长×宽×高，毫米）	4 600×1 730×350

（三）喷雾机

常用的喷雾机有背负式喷雾机、喷杆式喷雾机、担架式喷雾机、电动喷雾机等，在植保机械章节中进行详细介绍。

二、中耕除草机械

田间杂草过多，将会影响蚕豆和豌豆的正常生长与发育。机械化除草可以采用除草机、旋耕机等，对于一些难以清除的杂草，可以采用喷药的方式进行除草。目前，除草机大多是中耕除草机，工作部件多为单翼铲或双翼铲。

（一）总体结构和工作原理

中耕除草机一般由犁盘、机架、弹簧、铲体座、深度调节器、限深轮、翼铲等组成，结构示意图如图 7－14 所示。作业时，拖拉机在前进过程中，翼铲将土体破开，在切开撕裂土壤的同时将杂草从土壤中拔出，并引导杂草运移至两侧。可调弹簧对翼铲进行单行微仿形并保证翼铲的入土能力，限深轮控制翼铲入土深度。

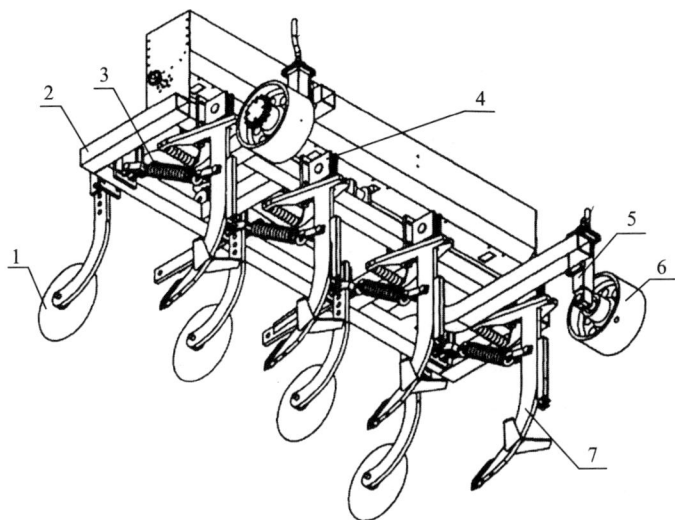

图 7 - 14　中耕除草机结构示意图

1. 犁盘　2. 机架　3. 弹簧　4. 铲体座　5. 深度调节器　6. 限深轮　7. 翼铲

（二）典型机具

比利时 AVR BVBA 除草机

作业宽度（厘米）	300~360
重量（千克）	890
配套动力（千瓦）	52

三、植保机械

蚕豆和豌豆病虫害种类多，发生较普遍的有锈病、白粉病、病毒病、褐斑病、蚜虫、夜蛾类害虫等，在南方地区和多雨年份常引发流行。目前，农作物病虫害的防治方法很多，如化学药剂防治、生物防治、物理防治等，化学药剂防治是农民使用的最主要的防治方法。植保机械能将一定量的农药均匀喷洒在目标作物上，可以快速达到防治和控制病虫害的目的。目前，常用的植保机械有背负式喷雾机、喷杆式喷雾机和植保无人机等。

（一）背负式喷雾机

1. 总体机构和工作原理

背负式喷雾机一般由机架、风机、汽油机、水泵、油箱、药箱、操纵部件、喷洒部件和起动器等组成，喷雾性能好，适用性强，其结构示意图如图 7-15 所示。工作时，汽油机带动风机叶轮旋转产生高速气流，在风机出口处形成一定压力，其中大部分高速气流经风机出口流入喷管，少量气流经风机一侧的出口流经药箱上的通孔进入进气管，使药箱内形成一定的压力，药液在压力的作用下经输液管调量阀进入喷嘴，从喷嘴周围流出的药液被喷管内的高速气流冲击形成雾粒喷洒出去，完成作业。

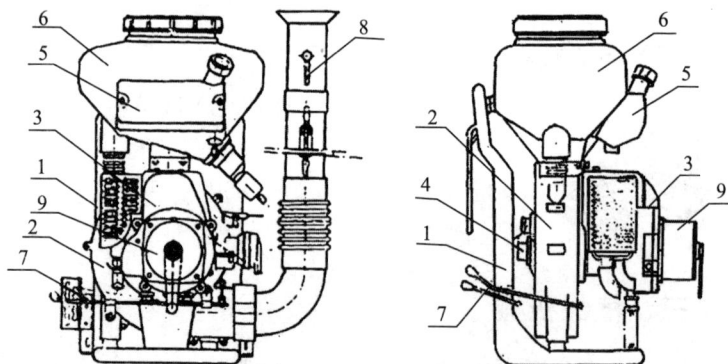

图 7-15　背负式喷雾机结构示意图

1. 机架　2. 风机　3. 汽油机　4. 水泵　5. 油箱　6. 药箱
7. 操纵部件　8. 喷洒部件　9. 起动器

2. 典型机具

永佳 3W-700J 背负式喷雾机

配套动力（千瓦）	2.2
药箱容积（升）	20
射程（米）	≥16
耗油率（克）	554
外形尺寸（长×宽×高，毫米）	500×440×780

（二）喷杆式喷雾机

1. 总体结构和工作原理

喷杆式喷雾机一般由行走动力底盘、轮距可调系统、转向系统、药箱、喷杆升降系统、喷杆折叠系统和驾驶室等组成，作业效率高，喷洒质量好，广泛用于大田作物病虫害防治，其结构示意图如图 7-16 所示。工作时，发动机驱动液压泵，液压泵驱动行走马达使喷雾机前行和后退；喷杆在调节机构作用下可以实现喷杆升降、折叠、展收等动作；发动机带动液泵转动，药液从药

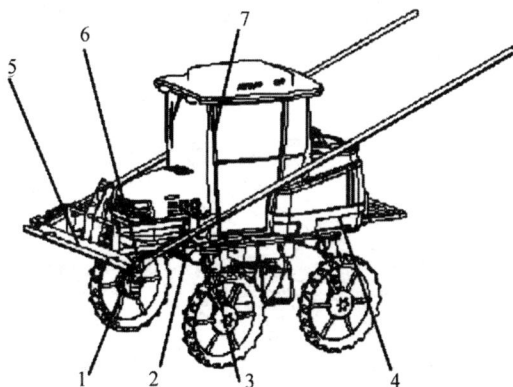

图 7-16　喷杆式喷雾机结构示意图

1. 行走动力底盘　2. 轮距可调系统　3. 转向系统　4. 药箱　5. 喷杆升降系统
6. 喷杆折叠系统　7. 驾驶室

箱中吸出并以一定的压力，经分配阀输送给搅拌装置和各路喷杆上的喷头，药液通过喷头形成雾状后喷洒。

2. 典型机具

勇力 3WPZ-500 喷杆式喷雾机

配套动力（千瓦）	18
药箱容积（升）	500
喷洒幅度（米）	10
离地间隙（毫米）	710
外形尺寸（长×宽×高，毫米）	4 150×1 650×1 980

（三）植保无人机

1. 总体结构和工作原理

植保无人机一般由机架、药箱、喷头、电机、螺旋桨、控制系统等组成，其结构图如图 7-17 所示。工作时，操作人员操作无人机飞行到指定作业区域上空或者自主飞行，打开无线遥控开关，液泵通电运转，将药箱中的药液通过软管输送到喷头喷出；无线遥控开关控制继电器的通断，能及时地控制液泵的工作状态，从而实现对防治对象进行喷洒，对其他作物少喷

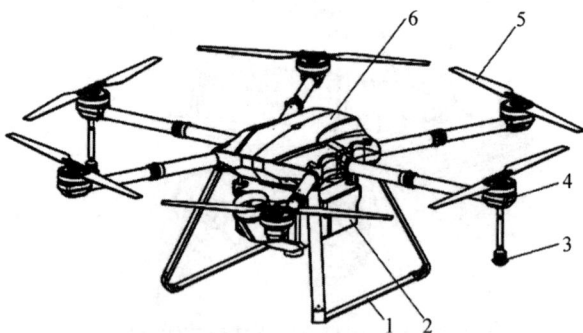

图 7-17　植保无人机结构图

1. 机架　2. 药箱　3. 喷头　4. 电机　5. 螺旋桨　6. 控制系统

或不喷，合理有效地提高了农药的利用率。植保无人机具有作业效率高、单位面积施药量少、自动化程度高、劳动力成本低、安全性高、快速高效防治、防控效果好、适应性强等优点。

2. 典型机具

大疆 T30 植保无人机

药箱容积（升）	30
喷洒幅度（米）	4～9
作业飞行速度（米/秒）	7
最大功耗（千瓦）	11
外形尺寸（长×宽×高，毫米）	2 858×2 685×790

第五节　收获机械

蚕豆和豌豆的收获一般可分为分段收获和直接收获两种方式。分段收获一般采用割晒机来进行植株切割、放铺或堆放作业，然后采用人工捡拾、机械脱粒、清选等完成收获工作；直接收获采用联合收获机，一般可一次性完成拨禾、植株切割、植株喂入、输送、脱粒、清选、收集等多项作业。本节对收获机械中主要的割晒机、脱粒机、联合收获机进行介绍。

一、割晒机

蚕豆和豌豆使用割晒机收获一般要求收割后留茬整齐，整株收割完整也便于后续晾晒捡拾等作业。割晒机具有灵活机动、成本低、适应性强、使用调整方便的优点，可满足小地块及间种、套种及不同成熟期条件的作业要求。目前，割晒机主要有手扶式割晒机和卧式割晒机。

（一）手扶式割晒机

1. 总体结构和工作原理

手扶式割晒机主要由机架、分禾板、刀具、水平输送组件、分拨器、星轮、摆杆和检测开关等组成，结构示意图如图 7-18 所示。工作时，分禾板将植株分隔夹持，随后刀具将植株的根部割断，由水平输送组件将切割下来的植株输送至机具一侧。其中，摆杆能够根据植株的到来进行有针对性的摆动，使得植株的倒伏姿态更加规律和可控；刀具的切割速度可调，可满足切割不同植株的需求。

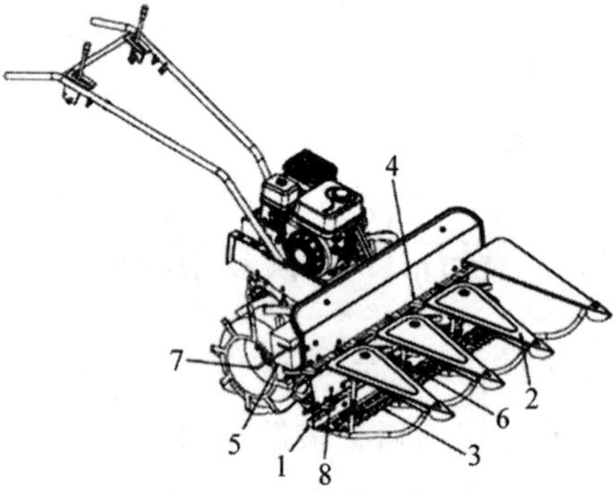

图 7-18 手扶式割晒机结构示意图

1. 机架 2. 分禾板 3. 刀具 4. 水平输送组件 5. 分拨器 6. 星轮
7. 摆杆 8. 检测开关

2. 典型机具

明悦 4G100 割晒机

割幅（毫米）	1 000
最低割茬高度（毫米）	50
配套动力（千瓦）	4.41
外形尺寸（长×宽×高，毫米）	1 300×1 050×650

(二)卧式割晒机

1. 总体结构和工作原理

卧式割晒机主要由拨禾轮、拨禾轮升降液压缸、割台升降液压缸、机架、悬挂升降装置、分禾装置、往复式切割器、横向螺旋输送滚筒、传动系统和液压马达等组成,结构示意图如图7-19所示。田间作业时,分禾装置将收割区和待收割区分开,进入收割区的作物在拨禾轮的作用下向割台一侧倾斜,往复式切割器将其切割分离,在割台前进推力和横向螺旋输送滚筒的共同作用下,左右两侧割倒的作物被输送至中间铺放,割台中间部分的作物直接向后倾倒铺放,实现有序铺放。

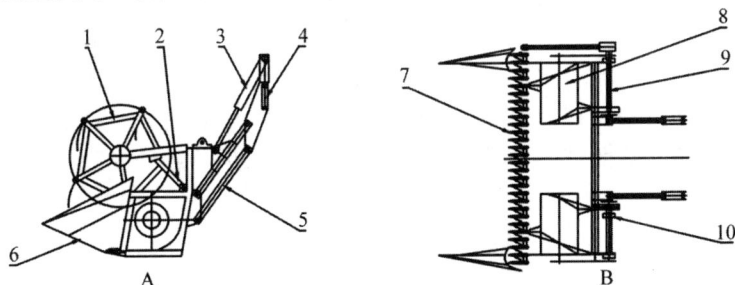

图7-19 卧式割晒机割台结构示意图

A. 割台主视 B. 割台俯视

1. 拨禾轮 2. 拨禾轮升降液压缸 3. 割台升降液压缸 4. 机架 5. 悬挂升降装置
6. 分禾装置 7. 往复式切割器 8. 横向螺旋输送滚筒 9. 传动系统 10. 液压马达

2. 典型机具

一达 4GL-330 割晒机

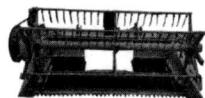

配套动力(千瓦)	66~80
工作幅宽(毫米)	3 300
拨禾轮数量(个)	1
外形尺寸(长×宽×高,毫米)	2 100×3 600×1 400

二、脱粒机

目前，针对蚕豆和豌豆的脱粒机械较少，大多是对原有的谷物脱粒机进行改进或者利用其原理重新设计。按照脱粒元件脱粒机分为纹杆式脱粒机、钉齿式脱粒机、板齿式脱粒机，在豆类脱粒中，以钉齿式脱粒机为主。

（一）总体结构和工作原理

钉齿式脱粒机主要包括变频电机、万向轮、机架、风机、脱粒滚筒、筛网、减速器、振动筛等，结构示意图如图 7 - 20 所示。工作时，脱粒滚筒旋转时借助螺旋排布的钉齿击打输入的秸秆，使豆荚分离脱落，并漏过网筛，落到振动筛上，被筛分输出。钉齿一般采用螺旋排列，能够充分发挥每个钉齿的作用，使籽粒产生轴向移动趋势，避免瞬间被推向一侧，有利于转子的动静平衡，从而进一步提高脱净率，并可有效防止秸秆在脱粒滚筒上的缠绕。

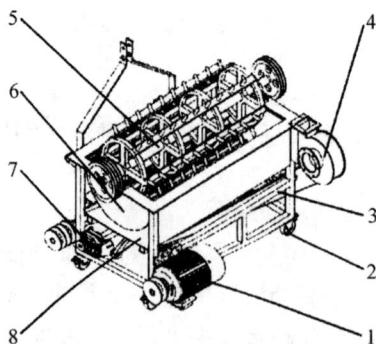

图 7 - 20　脱粒机结构示意图
1. 变频电机　2. 万向轮　3. 机架　4. 风机　5. 脱粒滚筒
6. 筛网　7. 减速器　8. 振动筛

（二）典型机具

四达 5T-90 脱粒机

配套动力（千瓦）	8～15
筛体尺寸（长×宽，毫米）	1 590×540
整机质量（千克）	270
外形尺寸（长×宽×高，毫米）	1 970×1 916×1 240

三、联合收获机

联合收获机可一次性完成收割、脱粒、清选等多个环节，具有作业效率高、收净率高、籽粒破碎少、脱荚损伤小、夹带率低、适于连片大地块作业等优点。本部分对蚕豆和豌豆联合收获机械的研究现状和典型机具进行介绍。

（一）研究现状

农业农村部南京农业机械化研究所设计了 4DL-5A 型蚕豆联合收获机，由割台装置、驾驶室、提升装置、粮仓、顶盖、脱粒装置、振动筛、底盘、风机、液压缸、逐稿装置等组成，结构示意图如图 7-21 所示。作业时，通过液压缸调节割台装置高度，使割刀位于最低结荚部位下方，确保没有漏割。当机器前进时，蚕豆秸秆在拨禾轮的引导下进入割台装置，切断后的秸秆通过逐稿装置被输送至脱粒装置，在脱粒装置内完成籽粒与豆荚分离、秸秆粉碎的作业。经振动筛和风机清选后，分别由一次提升装置和二次提升装置输送至粮仓，从而完成蚕豆的机械化收获作业。

四川刚毅科技集团有限公司设计了一种小型收获机，主要由割台、输禾、脱粒箱、清选机构、出粮系统、底盘站板等组成，结构示意图如图 7-22 所示。工作时，割台收割植株，通

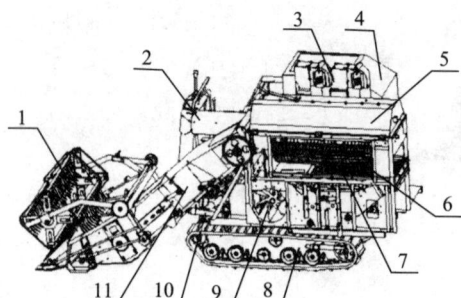

图7-21 4DL-5A型蚕豆联合收获机结构示意图

1.割台装置 2.驾驶室 3.提升装置 4.粮仓 5.顶盖 6.脱粒装置

7.振动筛 8.底盘 9.风机 10.液压缸 11.逐稿装置

过输禾输送至脱粒箱，脱粒箱内的脱粒滚筒对植株进行脱粒，脱粒滚筒下方的筛网对物料进行一次筛选去除大杂质，搅龙将物料输送至清选机构内去除小杂质，最后清洁的物料进入出粮系统。

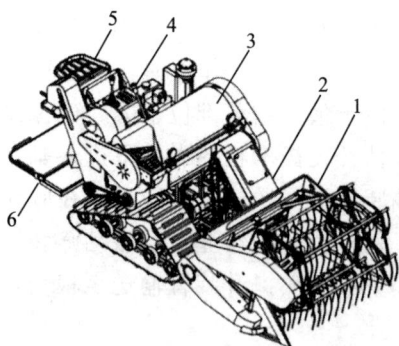

图7-22 小型收获机结构示意图

1.割台 2.输禾 3.脱粒箱 4.清选机构 5.出粮系统 6.底盘站板

大通丰收农牧科技有限公司设计了一种蚕豆联合收获机，由籽粒升运器、粮箱、动力机构、切流滚筒、切割器等组成，结构示意图如图 7 - 23 所示。工作时，由前端的拨禾轮将植株拨入切割器，切割器完成切割后由输送机构输送至脱粒分选机构，脱粒机构中的轴流滚筒进行脱粒，分选机构进行分选后由籽粒升运器和顶搅龙将豆粒输送至粮箱，完成收获作业。

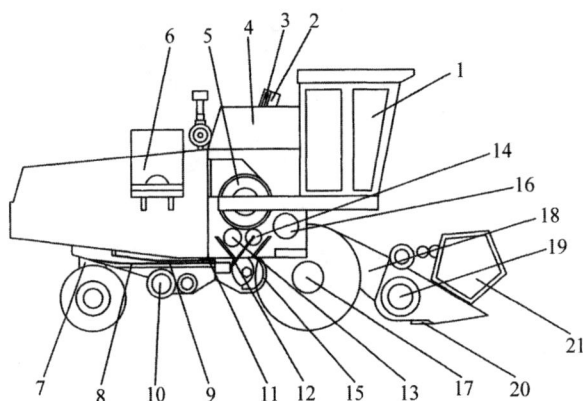

图 7 - 23　蚕豆联合收获机结构示意图

1. 驾驶室　2. 顶搅龙　3. 籽粒升运器　4. 粮箱　5. 轴流滚筒　6. 动力机构
7. 后桥总成　8. 下筛　9. 上筛　10. 复脱器　11. 抖动板　12. 轴流滚筒凸板
13. 第二分配搅龙　14. 第一分配搅龙　15. 风扇　16. 切流滚筒　17. 前桥总成
18. 过桥　19. 割台搅龙　20. 切割器　21. 拨禾轮

湖北双兴智能装备有限公司设计了一种蚕豆联合收获机，由底盘机构、割台机构、输送机构、脱粒清选机构、第一提升机构、粮箱、卸粮机构和第二提升机构等组成，结构示意图如图 7 - 24 所示。工作时，割台机构用于割断并收集农作物，输送机构用于将割台机构收集的农作物输送至脱粒清选机构，脱粒清选机构用于对农作物进行脱粒清选后得到籽粒，第一提升机构分别与脱粒清选机构和粮箱连接，用于将籽粒输送至粮仓，粮箱用于储存籽粒，卸粮机构用于将粮箱内的籽粒送出。

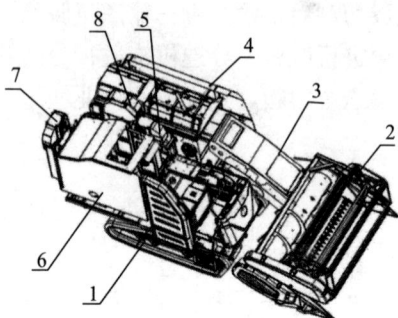

图7-24　蚕豆联合收获机结构示意图

1.底盘机构　2.割台机构　3.输送机构　4.脱粒清选机构　5.第一提升机构
6.粮箱　7.卸粮机构　8.第二提升机构

（二）典型机具

艾禾4LZT-4.0ZA联合收获机

工作幅宽（毫米）	2 130
外形尺寸（长×宽×高，毫米）	4 965×2 890×2 920
功率（千瓦）	73
行走速度（米/秒）	0～2.6

刚毅4LZD-0.6型联合收获机

工作幅宽（毫米）	1 200
外形尺寸（长×宽×高，毫米）	3 450×1 650×1 380
功率（千瓦）	9.8
行走速度（千米/时）	1.7～2.9

沃得 4LZD-2.6AQ 联合收获机

工作幅宽（毫米）	1 660
外形尺寸（长×宽×高，毫米）	4 950×2 000×2 590
功率（千瓦）	51.5
生产效率（亩/时）	2.25～9.75

第六节　秸秆粉碎机械

蚕豆和豌豆收获后产生大量秸秆，秸秆焚烧不仅会造成空气污染，还会破坏土壤中的微生物菌群和土壤理化结构，影响地力提升和后续种植作业。因此，有必要开展秸秆资源化利用。秸秆利用方式主要包括基料化、原料化、堆肥发酵处理、燃料化、饲料化以及秸秆直接还田，目前以秸秆直接还田和饲料化为主。秸秆直接还田是目前应用最为广泛，也是处理最为简单的一种秸秆利用方式，饲料化因蚕豆和豌豆的秸秆蛋白质含量高，且豌豆秸秆质地较软、适口性好，也是一种较好的秸秆利用方式。大部分秸秆原料在开发利用前都需要进行相应的粉碎处理，根据粉碎方式与粉碎手段的不同，秸秆粉碎机械主要有铡切式、锤片式、揉切式。

一、铡切式粉碎机

（一）总体结构和工作原理

铡切式粉碎机具有铡切秸秆、粉碎谷物和揉搓秸秆等功能。铡切式粉碎机的主要设备是铡草机，由牵引机构、喂入机构、抛送装置、切碎装置、电机、传动系统、支架、输送装置等组成，结构示意图如图 7-25 所示。工作时，秸秆沿输送装置进入喂入机构，在切碎装置的刀具高速旋转下将秸秆切成段状，随后从抛送装置出口抛出。

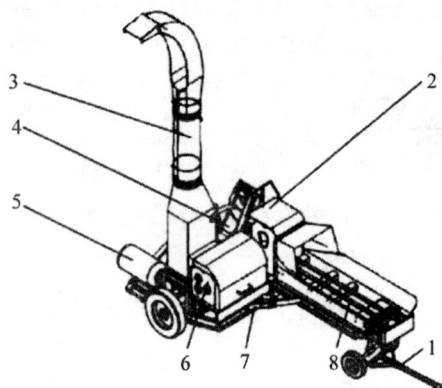

图 7-25 铡草机结构示意图

1. 牵引机构 2. 喂入机构 3. 抛送装置 4. 切碎装置 5. 电机
6. 传动系统 7. 支架 8. 输送装置

（二）典型机具

九信 9ZP-12 型铡草机

切碎长度（毫米）	10～30
生产效率（吨/时）	12～22
配套动力（千瓦）	18.5
外形尺寸（长×宽×高，毫米）	3 150×2 150×4 150

二、锤片式粉碎机

（一）总体结构和工作原理

锤片式粉碎机主要由电机、粉碎室、自动破碎仓、集粉器、风机等组成，结构示意图如图 7-26 所示。锤片式粉碎的原理是在机械力的作用下使固体物料发生形变进而破碎的过程。粉碎室主要由锤片和筛片构成，作业时将秸秆喂入粉碎室，锤片在高速旋转状态下不断打击秸秆，然后以较高的速度抛向齿板和筛片，受到齿板的搓擦作用、筛片的碰撞作用以及物料相互间的碰撞作用而被粉碎，该过程往复进行，直到物料从筛孔漏出为止。

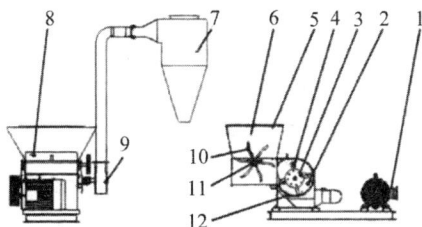

图 7 - 26　锤片式粉碎机结构示意图

1. 电机　2. 粉碎室　3. 转子盘　4. 锤片　5. 安全挡料板　6. 自动破碎仓

7. 集粉器　8. 进料闸门　9. 风机　10. 拨料齿　11. 轴承及轴承座　12. 筛片

（二）典型机具

圣泰 9FQ420 锤片式粉碎机

锤片数量（片）	16
生产效率（千克/时）	300～700
配套动力（千瓦）	7.5
外形尺寸（长×宽×高，毫米）	1 600×1 800×1 000

三、揉切式粉碎机

（一）总体结构和工作原理

揉切式粉碎机主要由粉碎装置、压辊、输送装置、机架、动力传动装置等组成，结构示意图如图 7 - 27 所示。揉切式粉碎机是在锤片式粉碎机基础上发展而来的，用齿板代替筛片，锤片和齿板同时作用于秸秆，将其揉搓成丝状，作业时先由输送装置内的压辊对秸秆进行挤压，切断后进入粉碎室，由锤片和筛网配合使秸秆在筛网上多次摩擦直至秸秆达到筛网的孔径，将秸秆揉搓成柔软、蓬松的丝段状，最后由锤片转动产生的气场将秸秆送出粉碎室。

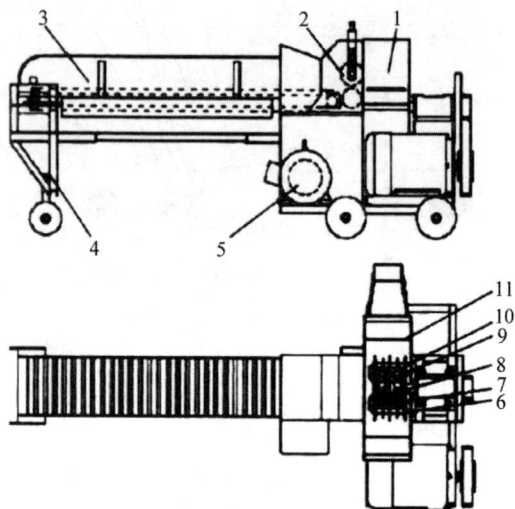

图7-27　揉切式粉碎机结构示意图

1.粉碎装置　2.压辊　3.输送装置　4.机架　5.动力传动装置　6.锤片轴

7.锤片　8.切断刀　9.隔套　10.锤片架　11.筛网

（二）典型机具

昆电工9ZR-4W秸秆揉丝机

额定转速（转/分）	2 870
生产效率（千克/时）	4 000
配套动力（千瓦）	4
外形尺寸（长×宽×高，毫米）	1 750×515×860

第八章

蚕豆和豌豆病虫草害及其防治

第一节　蚕豆和豌豆主要病害及其防治

蚕豆和豌豆病害种类多，发生较普遍的有锈病、白粉病、病毒病和褐斑病等，在南方地区和多雨年份常引发流行。

一、蚕豆的主要病害及其防治

在大田生产中，病害对蚕豆的影响仅次于干旱，是严重影响蚕豆产量、产值形成的胁迫因素，每年导致产量损失在15%以上，严重发生区域甚至造成大面积减产、绝产。由于对蚕豆病害的研究投入少，相关研究严重滞后，特别是抗性遗传改良的研究进展远远不能满足大田生产的需要。因此，大田生产在很大程度上依赖管理技术防控。

（一）蚕豆赤斑病

蚕豆赤斑病是世界性的病害，在我国蚕豆产区中以长江中下游和东南、西南、沿海各省份秋（冬）播蚕豆区以及甘肃、青海等一些春播蚕豆区发生较为普遍，春季和初夏多雨年份常流行。生产中常因赤斑病流行而使蚕豆产量降低，严重时蚕豆植株成片枯死导致绝收。近年来，由于气候条件的原因，蚕豆赤斑病在春蚕豆种植区（如甘肃、青海、山西）的发生逐年加重。当气候适宜时，病害严重发生，导致50%～70%的产量损失。

1. 症状

主要危害叶片、叶柄、茎秆，严重时还在花瓣、幼荚上形成病斑。病害发生多从下部老叶或受冻害的主茎开始。发病初期，叶片上产生针尖大小的小赤点，小点逐渐扩大成近圆形或椭圆形的赤褐色病斑，病斑直径2～4毫米，中央稍凹陷，周缘深褐色，病斑交界处明显，散布在叶片的正反两面，病斑常愈合形成面积较大、呈不规则形的铁灰色枯斑，进而引起落叶。茎和叶柄发病，产生赤褐色条斑，边缘深褐色，病斑表皮破裂后产生裂纹。花受害后遍生棕褐色小点，严重时花冠变成褐色、枯萎，从下向上逐渐凋落。豆荚感染后产生赤褐色斑点，病原能穿透豆荚，侵染种子，在种皮上产生小红斑。在耐病品种上或天气晴朗时的感病品种上病斑发展慢，仅形成圆斑或条斑，称为"慢性病斑"；遇阴雨潮湿天气，感病品种叶片上病斑迅速扩展，病叶变黑，表面密生灰色霉层（病原的分生孢子梗及分生孢子），这种病斑称为"急性病斑"，植株各部变灰黑色而枯死。剥开枯秆，内有黑色椭圆形或扁平形的菌核。病情严重时，整个叶片、花器、幼荚及茎秆都发黑干枯，叶片大量脱落，田间植株一片焦黑，如同火烧。

2. 病原

病原有蚕豆葡萄孢（*Botrytis fabae* Sardina）、灰葡萄孢（*B. cinerea* Pers.）和拟蚕豆葡萄孢（*B. fabiopsis*）3种，属于真菌半知菌亚门丝孢目葡萄孢属。

蚕豆葡萄孢分生孢子梗淡褐色，细长，具隔膜，大小（300～2 000）微米×（8～21）微米，单生或束生，于主梗1/3处先端部位分枝，分枝末梢略膨大，上伸出小梗，小梗上着生分生孢子，聚生成葡萄穗状；分生孢子单胞，卵圆形或近圆形，稍带暗色，呈灰色，大小为（11～25）微米×（8～23）微米。在PDA培养基上菌落白色，菌丝绳索状，后期产生褐色至黑色小菌核，菌核黑色，圆形至椭圆形或不规则形，扁平，表面粗糙，菌核散布整个培养皿，大小为（0.5～6.2）毫米×（0.3～4.5）毫米，平均产量（500±50）个/皿。有性态为子囊菌蚕豆葡萄孢盘菌（*Botryotinia fabae*）。

灰葡萄孢的分生孢子梗丛生，灰色，渐变为褐色，大小为（1 000～3 000）微米×（11～24）微米；分生孢子椭圆形，无色至淡褐色，大小为（9～15）微米×（6.5～10）微米。在PDA培养基上，菌落白色，比较浓密，菌核黑色，形状不规则，散乱分布于整个培养皿，灰葡萄孢菌核大小为（1.2～11.9）毫米×（1.1～5.8）毫米，菌核平均产量（60±20）个/皿。有性态为子囊菌富氏葡萄孢盘菌（*Botryotinia fuckeliana*）。

拟蚕豆葡萄孢分生孢子梗淡褐色，细长，大小为（521.0～1 459.0）微米×（13.0～18.0）微米，单生或束生，顶端分枝，分枝末梢略膨大，伸出小梗，小梗上着生分生孢子，聚生成葡萄穗状；分生孢子单胞，透明，表面不光滑，卵圆至椭圆形，大小为（14.8～26.2）微米×（8.9～20.1）微米。在PDA培养基上，菌丝绒毛状，菌落白色至灰白色，菌核形状不规则，球形或椭圆形，菌核排列比较规则，呈同心环状或轮纹状，菌核大小为（1.9～12.1）毫米×（1.5～5.9）毫米，菌核平均产量（140±30）个/皿。

灰葡萄孢寄主广泛，能够侵染200多种植物。蚕豆葡萄孢除侵染蚕豆外，还侵染菜豆、豌豆、华黄芪、紫花苜蓿、小巢豆等，拟蚕豆葡萄孢寄主范围较蚕豆葡萄孢窄。蚕豆葡萄孢的生长温度为5～36℃，生长最适温度为24～26℃；分生孢子在19～21℃萌发最好，孢子萌发的温度为5～34℃，35℃以上全不萌发。在整个生长温度限度内均能形成菌核。病原最适生长pH为4.4～5.2。病原有生理分化，国际干旱地区农业研究中心曾鉴定出中东*B. fabae*的4个小种。国内俞大绂于20世纪30年代和50年代研究鉴定出菌丝型、菌核型、分生孢子型3个类型，并证明病原为异核体。

3. 侵染循环

病原以菌核或菌丝在土壤或病株残体上越冬和越夏。菌核遇适宜条件萌发长出分生孢子梗，并产生大量分生孢子，分生孢子萌发后先端膨大，形成附着器，再产生侵入丝贯穿角质层而侵入寄主，首先侵染较易感病的老叶，引起初侵染。在南方地区，病原可在秋末冬初侵染蚕豆，以菌丝体在病株上越冬。在适宜条件下，染病植株的病斑上可产生大量的分生孢子，分生孢子借风雨传播，进行多次再侵染。例如，土面长期潮湿，落在大田内的病叶会在其表面产生大量的分生孢子，加速病害的传播蔓延。在有利于病原发生的条件下，从接种到出现病斑，潜伏期只有48小时。病斑扩展产生新分生孢子的时间为7～10天。在多雨或高湿条件下，灰葡萄孢侵染产生的病斑迅速扩大或合并致叶片变黑和死亡，最后脱落，3～4天致全株枯死。病原侵染的最适温度20℃，最高温度30℃，最低温度1℃；饱和的空气湿度或寄主表面的水膜是孢子发芽和侵染的必要条件。蚕豆开花后，抗病力减弱，容易发病。播种过早，会导致冬前发病重，密度高、排水不良、缺营养元素也都会促使发病。连作田中，单作田块比豆麦间作田发病重。据浙江省瑞安市多年系统调查（范仰东，1990），病害在田间发生可分为4个时期。

（1）零星发病期。早春2月，在蚕豆中下部叶片可见赤斑病零星病斑，此时由于气温低，病情发展缓慢。

（2）病害上升期。3月上中旬，蚕豆进入开花期，气温回升到10℃左右，赤斑病开始从下部叶片向中上部叶片发展。

（3）盛发流行期。3月中下旬，蚕豆盛花结荚期，气温稳定在14℃左右，此时蚕豆枝叶茂盛，生长嫩绿，抗病力较弱，有利于病害盛发。

（4）加重危害期。4月下旬至5月上旬，气温达到17℃以上，对病原侵染十分有利，发病程度不断加重，4月底至5月初达到高峰期，此后随着寄主组织衰老，发病滞缓。

4. 流行规律

（1）气候条件。诱发蚕豆赤斑病的气候条件主要为湿度和温度。气温 20℃ 左右最适合病原孢子的萌发和侵染。在大田生产中，诱发蚕豆赤斑病最重要的因素是相对湿度。病原产生孢子的空气相对湿度至少要在 85％ 以上。在气温 20℃、相对湿度 85％ 时，菌核大量萌发产生分生孢子，反复侵染，特别是在空气潮湿、温暖多雨时，病害普遍流行或危害较严重。一般在常年降水量较多、云雾重时，赤斑病发病重。例如，在长江流域一带，每年 3—5 月连续阴雨的时期越长，发病越普遍，造成的损失越严重。云南有明显的干湿季节，3—5 月为干季，虽然温度在 20℃ 左右，但是因空气湿度低，蚕豆赤斑病发生较轻；如果花荚期连绵阴雨，就有大流行的可能。

（2）品种抗性。品种间的抗病性有显著差异。浙江省农业科学院植物保护研究所鉴定筛选来自国内外 938 份蚕豆种质对赤斑病的抗性（梁训义等，1992）。结果表明，中抗品种占 10.23％，中感品种占 41.16％，感病品种占 31.45％，高感品种占 17.16％。中抗品种来自蚕豆赤斑病常年发生严重的浙江、湖南、江苏、湖北等省份。中抗品种的籽粒以中粒型为主，仅有极少数材料为大粒型，而且其粒色以绿色为主，乳白色和浅绿色有一定的比例。中抗品种在病害流行年份，不施药防治也能保持较为稳定的产量。

（3）栽培条件。引起蚕豆赤斑病的病原都是弱寄生菌，通常在寄主生长衰弱时容易侵入。一般在土壤酸性强、土质黏重、土壤贫瘠、钾肥不足、地势低洼、排水不良等情况下发病重；另外，播种量大、密度大、通风透光不好的地块发病重；播种过早或过迟，连作田块发病重。

5. 防治技术

（1）种植抗病品种。在严格标准上，大田生产中还难以找到高抗蚕豆赤斑病的品种，但目前生产中应用的品种有表现抗病性较好的品种，如启豆 1 号、成胡 10 号、通豆系列品种，还有一些传统地方品种，如浙江黄岩绿小粒种、绍兴小白豆，湖南的常德蚕豆和江苏的马塘白皮豆等。

（2）农业防治。

①选种。选用无病种子和早熟品种。

②减少菌源。蚕豆忌重茬，一般实行 2 年以上轮作，可与小麦、油菜轮作，减少菌源。蚕豆收割后，清除田间带病残体，烧毁枯枝落叶，避免菌核遗留田间越冬。

③选高地种植。种植蚕豆宜选择高燥的坡地、平地、沙质壤土。低洼地种植，提倡高畦深沟栽培，雨后及时排水，降低田间湿度，达到控制和减轻蚕豆赤斑病发生危害的目的。

④加强栽培管理，合理密植。采用配方施肥技术，增施磷、钾肥促使植株健壮，增强抗病能力；及时打顶，使株间保持通风透光，降低田间小气候湿度，促使蚕豆植株健壮，提高抗病能力。

⑤利用生物多样性。利用生物多样性也是防治蚕豆赤斑病十分有效的农业防治方法。杨进成等（2008）研究表明，油菜与蚕豆多样性间作对主要病虫害具有持续控制效果，尤其对蚕豆赤斑病、蚕豆锈病和蚕豆斑潜蝇有显著的控制效果。小麦和蚕豆多样性间作获得了与油菜和蚕豆多样性间作同样的效果，尤其对蚕豆赤斑病和蚕豆斑潜蝇控制效果显著。多样性间作很好地改善了小麦和蚕豆、油菜和蚕豆的产量构成因素，提高了蚕豆叶片的光合效率和蚕豆持续固氮供氮能力，从而产生了明显的增产效应和增收效应。蚕豆和马铃薯多样性种植也能有效控制蚕豆赤斑病的发生，改善蚕豆产量构成因素，提高产量和经济效益。

（3）化学防治。

①播前种子和土壤处理。在播种前进行药剂拌种和土壤消毒处理，可有效防止蚕豆赤斑病的发生。用种子重量 0.3% 的 50% 多菌灵可湿性粉剂、50% 敌菌灵可湿性粉剂拌种；用 50% 多菌

灵可湿性粉剂 1 千克加细土 20 千克拌成药土，撒入蚕豆种植穴中；用 50％敌磺钠可湿性粉剂 500 倍液泼浇土壤。

②喷药防治。蚕豆开花期是赤斑病侵染的主要时期，是适时喷药控制的关键时期，一般年份秋播蚕豆区在 3 月下旬，春播蚕豆区在 6 月中下旬。于发病初期喷第一次药，每隔 7～10 天喷 1 次，连续 2～3 次。主要药剂和用药量：波尔多液和 25％多菌灵可湿性粉剂 1∶500 倍液喷雾，50％乙烯菌核利可湿性粉剂 1 000～1 500 倍液喷雾，50％异菌脲可湿性粉剂 1 500～2 000 倍液喷雾，60％甲基硫菌灵·乙霉威可湿性粉剂 600～800 倍液喷雾，40％嘧霉胺悬浮剂 800～1 000 倍液喷雾。此外，25％多菌灵可湿性粉剂 600 倍液喷雾，50％甲基硫菌灵可湿性粉剂 1 000 倍液喷雾，50％乙烯菌核利可湿性粉剂 800 倍液喷雾，40％治萎灵可湿性粉剂 1 000 倍液喷雾，64％杀毒矾可湿性粉剂 800 倍液喷雾，50％腐霉利可湿性粉剂 800 倍液喷雾，58％甲霜·锰锌可湿性粉剂 800 倍液喷雾均有一定效果。喷药后，如药液未干遇雨，须待雨停后及时补施，以保药效。

③诱导抗性。喷施化学或生物诱导剂能显著提高蚕豆对赤斑病的抗性和产量。有研究表明，播种后 30 天和 70 天喷施 2 次 20 毫摩尔/升的 $KHCO_3$ 或 K_2HPO_4，能使蚕豆赤斑病严重度分别减轻 74.2％和 71.2％；10 毫摩尔/升抗坏血酸和草酸处理蚕豆种子 24 小时，能显著降低蚕豆赤斑病的严重度。叶面喷施腐殖酸、氨基酸可以促进蚕豆生长和矿物质含量提高，降低赤斑病和锈病的损失。从苗期开始间隔 30 天喷施 1 次植物激活蛋白，能显著诱导蚕豆对赤斑病、根腐病、病毒病的抗性并提高产量。

（二）蚕豆尾孢叶斑病

尾孢叶斑病，又称尾孢霉轮斑病，是蚕豆上普遍发生的一种真菌性病害。该病在世界各蚕豆种植区均有分布，因为不是重要病害而很少被关注。自 2004 年起，蚕豆尾孢叶斑病在澳大利亚有发生加重的趋势，原因尚不明确。我国最早报道蚕豆尾孢叶斑病是在 1947 年，现在各蚕豆种植区均有发生，但迄今还没有严重流行的报道。田间病害调查表明，近年来，蚕豆尾孢叶斑病在我国一些蚕豆产区（如甘肃、河北）有加重的趋势。

1. 症状

病原主要危害叶片，也侵染茎和荚。最初在下部叶片上产生红褐色小病斑。随后，上部叶片也渐次发病。在适宜条件下，病斑迅速扩大，呈圆形、长圆形或不规则形，直径可达 15 毫米。病斑红褐色至深灰色，具稍微隆起、深褐色的清晰边缘。病斑内常形成同心环轮纹。在潮湿气候条件下，病斑上可产生大量分生孢子，呈银灰色，该症状可以区别于链格孢叶斑病、赤斑病和褐斑病。茎上病斑梭状或长圆形，中央灰色，常凹陷，边缘深褐色。荚上病斑圆形或不规则形，黑色，凹陷，具清晰边缘。

2. 病原

蚕豆尾孢叶斑病由真菌轮纹尾孢（*Cercospora zonata*，异名 *C. fabae*）引起。病原的子实体生于叶片两面的病斑上，子座无或小，气孔下生，球形，褐色，直径 10～30 微米。分生孢子梗 2～20 根稀疏簇生至多根紧密簇生，褐色，顶部渐细，颜色逐渐变浅，0～2 个隔膜，不分枝，有时屈曲，顶端圆或亚平切状，有孢子痕，大小为（12.5～65）微米×（4～8）微米；分生孢子无色，圆筒形至倒棒形，3～15 个隔膜，直或略弯，基部亚平切状至长倒圆锥形，顶端圆锥形，大小为（16～151）微米×（3～7）微米。除蚕豆外，轮纹尾孢还侵染大野豌豆、救荒野豌豆和小扁豆。

3. 侵染循环

病原以菌丝体或子座在土壤中或病残体上越冬，成为翌年的初侵染源。有研究表明，病原在土壤中至少能够存活 30 个月，土壤中的接种体数量与病害发生率和严重度显著相关。在适宜条件下，土壤中或病残体上的病原产生分生孢子，分生孢子借气流、水溅传播到植株下部叶片，产生初侵染，被侵染叶片产生的病斑在潮湿条件下产生大量分生孢子借风雨扩散，进行重复侵染。在病害流行的早期阶段，接种体主要进行短距离传播。

4. 流行规律

湿度是病害严重发生的关键因素。高湿度是分生孢子形成、萌发以及侵入寄主的必要条件。当温度在 18～26℃、相对湿度在 90% 以上时，最有利于病原侵染。长期阴雨、重露，种植太密，土壤黏重、低洼潮湿、排水不良或缺钾则发病重。此外，连作地发病严重。

5. 防治技术

（1）种植抗病品种。研究表明，蚕豆对尾孢叶斑病的抗性由单个显性基因控制。现有的一种抗尾孢叶斑病快速鉴定技术为开展抗性资源筛选和抗病品种选育提供了简单途径。

（2）农业防治。与非寄主作物进行轮作；高畦深沟栽培，雨后及时排水，合理密植，降低田间湿度。收获后，及时清除田间蚕豆病残体，深耕土地，促进带病原病残体的腐烂。

（3）化学防治。在病害发生前，喷施 50% 多菌灵可湿性粉剂 1 200～1 500 倍液、43% 戊唑醇悬浮剂 3 000 倍液、75% 百菌清可湿性粉剂 500～800 倍液或 15% 三唑酮可湿性粉剂 1 500～2 000 倍液。根据病害发生情况，隔 10～14 天防治 1 次，连续防治 2～3 次。

（三）蚕豆镰孢根腐和枯萎病

蚕豆镰孢根腐和枯萎病是蚕豆上的重要病害，在世界许多蚕豆产区都有报道。我国各蚕豆产区均有发生，一旦发病则很难控制，该病害是长江流域蚕豆生长中后期的主要病害。蚕豆镰孢根腐和枯萎病导致根系、茎基部或维管束受损，最终引起植株死亡。目前，青海、甘肃和宁夏等省份的春蚕豆产区蚕豆镰孢根腐和枯萎病发生也极为普遍，特别是在春夏多雨时极易发生，病害流行时，可毁灭大面积的蚕豆。例如，在云南省玉溪市通海县曾大面积发生，引起蚕豆成片枯死，造成重大损失（阮兴业等，1973）。青海蚕豆主产区田间调查表明，发病率为44%～68%，病情指数为23～31.4，对蚕豆高产、稳产、优质造成一定影响（陈占全，1999）。阮兴业等（1986）对1983年云南省昆明市东川市蚕豆苗期镰孢根腐病调查表明，该市有4 000亩蚕豆发生镰孢根腐病，占蚕豆播种面积的67%，死亡率10%～100%；李春杰和南志标（1996）对甘肃省临夏回族自治州春蚕豆镰孢根腐病调查发现，所有调查田块都有不同程度的发生，死亡率在1%～90%，其中，有近20%的田块死亡率在30%以上。鲍建荣等（1992）在浙江的调查表明，每年3—5月蚕豆开花结荚期或荚成熟前，该病害可造成大量植株枯死，一般田块枯死率在10%～30%，重病田块枯死率可超过40%。

1. 症状

蚕豆镰孢根腐和枯萎病病原为多个镰孢菌种复合体，不同镰孢菌引起的病害症状在田间条件下很难区分，常常是多种病原复合侵染。病原侵染蚕豆的根或茎基部，早期侵染可以导致种子腐烂以及在出苗期或出苗后幼苗死亡，有时导致幼苗土面或近土面处茎部腐烂和缢缩。镰孢根腐病病原侵染根和茎基部产生黑褐色至黑色病斑。随着病情的发生，侧根和主根大部分变黑和腐烂，茎基部病斑扩大、凹陷和环茎，导致茎腐烂和萎缩。叶部症状也可以反映镰孢根腐病的发展进程。首先，植株下部叶片变黄、边缘变褐或死亡，到最后所有叶片完全变黄和枯死。严重感病植株明显矮化。镰孢根腐病病原仅引起根和茎基部皮层组织腐烂。尖镰孢引起的蚕豆枯萎病症状包括叶片黄化并逐渐枯萎，最后叶片变黑枯死，根系和茎秆维管束系统变褐色至黑色，根系和茎基部变色和腐烂不显著。

2. 病原

有多种镰孢菌可以引起蚕豆镰孢根腐和枯萎病，包括茄镰孢（*Fusarium solani* f. sp. *fabae*）、尖镰孢（*F. oxysporum* f. sp.

fabae)、燕麦镰孢（*F. avenaceum* f. sp. *fabae*）、轮枝镰孢
（*F. verticilioide*）、木贼镰孢（*F. equiseti*）、禾谷镰孢
（*F. graminearum*）等。不同地区报道的病原种类及优势病原存
在差异，但以茄镰孢、燕麦镰孢、尖镰孢为主要病原。

3. 侵染循环

病原主要以病株残体上的菌丝、分生孢子座或厚垣孢子在土
壤中越夏或越冬，成为第二年初次侵染的主要来源。病株残体上
的病原在土壤中营腐生生活，至少可以存活 2 年以上。另外，从
病田收获的种子、带菌的肥料、耕作农具、灌溉水均可能传病，
但不是主要传播途径。病原直接或经伤口侵入主根、侧根的根尖
及茎基部，以后病株根部开始发黑，根部皮层被腐蚀，主根心髓
变成锈褐色。随着病情的加剧，病原沿茎的中轴向上蔓延，到蚕
豆生长后期，可上升到茎的 2/3 部位。蚕豆收获后，病原又随病
株残体在土壤中越夏或越冬。田间以结荚期发病较多，现蕾至结
荚期为发病盛期。

4. 流行规律

（1）土壤温、湿度。土壤温度是影响发病的重要因素，土
温在 23～27℃时，有利于病原的生长发育。土壤含水量对蚕豆
枯萎病的发生有严重影响。在一般情况下，土壤含水量过低
（＜30％饱和持水量）或过高（＞70％饱和持水量）时，病害较
重（阮兴业等，1986；李春杰，1994）。当土壤湿度在蚕豆生长
的最佳土壤湿度（50％饱和持水量左右）时，病害发展较慢。蚕
豆初荚期如遇高温，雨后天晴，极有利于病害发展蔓延。

（2）土壤养分与通透性。土壤中的各种营养成分含量对蚕豆
枯萎病发生有显著影响，土壤贫瘠的田块比肥沃田块发病更为严
重。周希颐（1989）报道，甘肃省定西市渭源县蚕豆镰孢根腐病
发生与土壤中氮、磷失调有关。云南省蚕豆镰孢根腐病的发生与
土壤中缺钾有关。土壤通透性是影响蚕豆镰孢根腐病发生的另一
因素，紧实的土壤比疏松的土壤发病重。适宜蚕豆生长的土壤容

重为 1.0～1.3 克/厘米³，重病区的土壤容重为 1.45～1.91 克/厘米³。土壤贫瘠、缺乏肥料、地势低洼、排水不良和连作地发病重，旱田比水田发病重。

（3）线虫。线虫不仅直接危害蚕豆的生长，其对寄主植物的侵染可加重镰孢根腐病病原的侵入与危害，而腐烂渗出物则可增加根对线虫的吸引性。目前，已知根腐线虫（*Pratylenchus spp.*）侵染常常导致镰孢根腐病恶化。俞大绂（1988）在云南的试验也发现了在蚕豆上存在着线虫-燕麦镰刀菌的复合体。

（4）土壤酸碱度。土壤偏酸性，pH 在 6.3～6.7 时，会加重发病。

5. 防治方法

（1）种植抗病或耐病品种。田间观察表明，蚕豆品种间对根腐病或枯萎病的抗性存在差异，如甘肃省临夏回族自治州农业科学院选育的蚕豆品种临蚕 6 号、临蚕 7 号、临蚕 8 号、临蚕 10 号对镰孢根腐病有较强的抗性或耐性。

（2）农业防治。与其他作物轮作 3 年以上，以减少土壤中病原的数量；选择排水好的田块或高垄栽培，合理密植；收获后，清除田间病残体并深翻土壤；施用充分腐熟的有机肥、磷肥和钾肥，提高植株抗病力；及时防治害虫，减少植株伤口，减少病原传播途径。

（3）化学防治。用 35％多克福种衣剂进行种子包衣，或用 50％多菌灵可湿性粉剂拌种，25％三唑酮可湿性粉剂、60％噻菌灵可湿性粉剂等杀菌剂拌种可以控制苗期病害。

（4）诱导抗性。吴全聪等（2006）研究发现，从苗期开始间隔 30 天喷施 1 次植物激活蛋白，能显著增强蚕豆对赤斑病、根腐病、病毒病的抗病性，增产率达 26.6％。

（四）蚕豆锈病

蚕豆锈病是一种世界性真菌病害，地理分布极为广泛。在我国蚕豆种植区均普遍发生，只是危害的程度不同。其中，西南蚕豆种植区，特别是在高海拔、昼夜温差较大的地区，危害最严重。病害常出现在蚕豆生育后期，一般可造成产量损失 10%～40%，高的可达 70%～80%，甚至绝产。

1. 症状

蚕豆锈病危害叶片、叶柄、茎秆和豆荚，以叶片受害最重。发病初期叶两面形成的白色至淡黄色、略隆起的小斑点，即夏孢子堆，直径约 1 毫米。夏孢子堆颜色逐渐加深，变为黄褐色或褐色，病斑扩大和隆起，表皮破裂，释放大量的深褐色夏孢子。夏孢子堆常常被一淡黄色晕圈包围。在条件适宜时，老的夏孢子堆周围常常依次形成新的孢子堆，最后形成夏孢子堆同心环。被严重侵染的叶片很快干枯和脱落。茎和叶柄上的夏孢子堆与叶上的相似但较大，略呈纺锤形。荚上也常常产生一些夏孢子堆。到后期，叶片、叶柄和茎上的夏孢子堆逐渐形成深褐色椭圆形或不规则形突起的疱斑，即冬孢子堆，其表皮破裂后向两面卷曲，散发出黑色的粉末即冬孢子。特别严重的田块，茎叶上就像撒上一层黄褐色的灰。

2. 病原

病原为蚕豆单胞锈菌（*Uromyces viciae-fabae*，异名 *U. fabae*），属担子菌亚门锈菌目单胞锈菌属真菌。蚕豆锈病病原是全孢型单主寄生的锈菌，在蚕豆上可以产生性孢子器、锈孢子器、夏孢子堆和冬孢子堆。性孢子器小，生于叶面，为橘红色小点，小于 0.2 毫米，往往结集成群，内含大量微小的性孢子，性孢子单胞无色。锈孢子器多生于叶背，长 1～5 毫米，白色或黄色，杯状，稍隆起，腔内含锈孢子，边缘破裂外翻；锈孢子圆形至多角形或椭圆形，具瘤，橙黄色，也结集成群，表面有微刺，大小为（21～27）微米×（17～24）微米。夏孢子堆生于叶的两面、叶柄和茎上，后突破表皮，褐色，直径 0.2～1.0 毫米。夏孢子淡褐色，有刺，球形至椭圆形，大小为（22～33）微米×（16～27）微米，具 3～5 个芽孔。冬孢子堆生于叶的两面、叶柄及茎上，长 1～5 毫米，早期裸露或后期破裂，黑褐色至黑色。冬孢子单胞，亚球形至椭圆形，顶部圆或平，下部稍窄，平滑，褐色，膜厚而光滑，顶部有乳状凸起，大小为（22～42）微米×（15～39）微米。基部有柄，长达 90 微米或更长，黄褐色，不脱落。夏孢子萌发的温度为 2～31℃，最适温度为 16～22℃，夏孢子不耐高温，40℃、20 分钟或 38℃、30 分钟后就丧失发芽能力。夏孢子萌发需要较高的相对湿度，相对湿度低于 80％时，很少萌发或不能萌发，湿度高则萌发率也高。夏孢子在蚕豆叶内的潜育期为 7～15 天（15～24℃）。在 1℃和 50％相对湿度下，夏孢子生命力可保持 100 天或更长。蚕豆单胞锈菌有生理分化，日本曾按寄主范围分为 3 个生理小种。我国尚未鉴定，生理小种类型和分布还不清楚。除蚕豆外，蚕豆单胞锈菌还侵染小扁豆、豌豆、香豌豆、紫花豌豆、矩叶山野豌豆、三齿萼野豌豆、广布野豌豆、大山黧豆、沼生香豌豆、细叶香豌豆、兵豆、硬毛果野豌豆、救荒野豌豆、野豌豆、歪头菜、长柔毛野豌豆等巢豆属、豌豆属、山黧豆属的一些种以及香豌豆属、野豌豆属。

3. 侵染循环

病原以冬孢子和夏孢子附着在蚕豆病残体上越冬或越夏。南方终年有蚕豆生长的地区，终年有存活的夏孢子，以夏孢子在蚕豆上辗转危害，实现侵染循环。北方以冬孢子在蚕豆病残株上越冬。冬孢子萌发时产生担子及担孢子，担孢子借气流传播到蚕豆叶面，萌发产出芽管，直接侵入蚕豆，之后在病部产生性孢子器及性孢子和锈子腔及锈孢子，然后形成夏孢子堆，释放夏孢子；夏孢子借气流传播形成再侵染；在生长后期，夏孢子堆发育成冬孢子，形成冬孢子堆。病残体上越冬或越夏的冬孢子不需要休眠，遇适宜条件可随时萌发，形成担孢子，借气流传播到蚕豆叶片上，萌发侵入寄主组织，在寄主组织内形成性孢子器，再发育形成锈孢子器，锈孢子器中的锈孢子由气流传播到邻近的蚕豆叶片上，萌发侵入蚕豆茎叶组织，形成夏孢子堆。病株上产生的夏孢子借气流传播，进行多次再侵染，病害不断蔓延。到蚕豆生育后期，又形成冬孢子在病残体上越冬或越夏，完成侵染循环。

4. 流行规律

锈病的发生与温度、湿度、品种和播种期等有密切关系，一般来说，高温高湿的条件易诱发锈病。

（1）气候条件。锈病病原喜温暖潮湿，夏孢子萌发和侵染的适宜温度为 $14\sim24℃$，$20\sim25℃$ 易流行。因此，南方蚕豆产区3—4月为蚕豆锈病流行期，尤其春雨多的年份发生严重。云南冬春气温高，早播蚕豆年前即开始发病，形成发病中心，翌年3—4月是锈病发生的高峰期。一般低洼积水、土质黏重、生长茂密、通透性差的地块发病重。尤其春雨多的年份易流行。长江流域4—5月，雨多潮湿，气温适中，最适合蚕豆锈病发生。

（2）品种抗病性。品种之间的抗病性有明显差异。一般早熟品种因生育期短，适宜发病的生长时期相对也短，故发病较轻。晚熟品种因为生长期长，开花结荚期正逢雨季，夏孢子数量也多，增加了再侵染的机会，故发病重。

（3）栽培管理。种植过密，群体过大，蚕豆地块小，湿度大，光照不足，空气不流通，雨后叶表面不易干燥，有利于孢子萌发和侵入，往往容易发病。播种过迟，田块低凹积水，排水差，植株营养不良，也容易发病。

5. 防治技术

（1）选用抗病品种。蚕豆不同品种对锈病抗性差异大，各地应在已有的品种中选用抗病、高产的良种。另外，各地可因地制宜地选用早熟品种，使蚕豆在锈病大发生前接近成熟，以避免锈病危害。

（2）农业防治。

①合理密植。及时整枝，保持通风透光良好，降低田间小气候湿度。夏播蚕豆和早熟蚕豆应安排在远离大面积种植蚕豆的区域，以有效降低病原基数。

②适期早播早收。选用早熟品种或在适宜播种期适当提早播种，提早收获避开发病盛期，或与豌豆以外的作物轮作，都是减轻锈病危害的重要措施。

③清洁田园。在蚕豆收获后，应收集病残体，及时做堆肥材料或烧掉，以减少越冬（越夏）病原基数。避免带病豆糠入豆田，减少病原。

（3）化学防治。蚕豆出苗后，应经常检查发病情况，对历年发病重的田块，发病初期和花荚期应根据病情防治2～3次。主要药剂和用药量：①15％三唑酮可湿性粉剂1 000倍液喷雾；②58％甲霜灵·锰锌可湿性粉剂800倍液喷雾，用药20天后检查，如果病情仍在发展，施第二次药；③80％代森锌可湿性粉剂500～600倍液，在发病初期喷雾，隔7～10天喷1次，连续喷施2～3次；④1∶1.5∶200的波尔多液喷雾，根据病情，7～14天后再施第二次；⑤发病初期，喷洒30％固体石硫合剂150倍液、15％三唑酮可湿性粉剂1 000～1 500倍液、50％萎锈灵乳油800倍液、50％硫黄悬浮剂200倍液、25％丙环唑乳油3 000倍液、25％丙环唑乳油4 000倍液加15％三唑酮可湿性粉剂2 000倍液，隔10天左右1次，连续防治2～3次，也有较好的防治效果；⑥叶面喷施腐殖酸、氨基酸、水杨酸和苯并噻二唑等，可以诱导抗性，有效降低蚕豆锈病的严重度和提高产量。

（五）蚕豆褐斑病

蚕豆褐斑病在世界各国蚕豆产区均有分布。在我国蚕豆产区普遍发生，病害流行年份一般造成20％～30％的产量损失，严重发病地块减产可达50％，同时影响籽粒的外观颜色而降低其商品性。

1. 症状

植株的地上部分均能受害。病原侵染蚕豆的叶片、茎、豆荚和种子。叶片受害初期出现赤褐色小斑点，随后扩大形成圆形、椭圆形或不规则形的病斑，直径3～8毫米，病斑周缘明显，稍微凹陷、深褐色；后病斑扩展，中央变为灰褐色，边缘呈深褐色突起，表面常有同心轮纹，中央密生数量不等的小的黑色分生孢子器，分生孢子器通常以同心圆方式，略作轮状排列，呈淡灰色；随着病情发展，一些病斑后来合并成大的不规则黑色斑块，病斑中央部分常脱落，呈穿孔症状，严重时叶片枯死。茎部受害后，病斑呈圆形、卵圆形、纺锤形，中央灰色稍凹陷，边缘赤色或深褐色凸起，病斑较大，长达 5～15 毫米。被害茎常枯死、折断，在病组织表面散生大量黑色的小点，即为分生孢子器。豆荚上的病斑呈圆形或卵圆形，棕褐色到黑色，具深褐色边缘，凹陷较深，病斑通常深深地陷入寄主组织内，病斑有时很大，占据豆荚的大部分，严重侵染荚枯萎干瘪。在荚的病斑上也长出分生孢子器，排列成轮纹状。病原可穿过荚皮侵害种子，致种皮表面形成黑色污斑，其上常形成分生孢子器，导致种子瘪小，皱缩，不能成熟。感病种子一般不能发芽。

2. 病原

蚕豆褐斑病病原为蚕豆壳二孢（*Ascochyta fabae* Speg.），有性态为蚕豆双胞腔菌（*Didymella fabae*），属于半知菌亚门球壳菌目壳二孢属真菌。分生孢子器在病斑上散生或排列成环状，扁球形，器壁膜质，浅褐色，有孔口，大小为（95～270）微米×（111～301）微米，平均为 172 微米×178 微米。分生孢子圆筒形，直或弯曲，无色，双胞，偶有 3～4 个细胞，隔膜处稍缢缩，大小为（14～30）微米×（3.8～7.9）微米，平均 19.2 微米×5.1 微米。褐斑病的病原在 4～32℃均可生长，菌丝生长最适温度为 20～27℃；产孢最适温度为 20～23℃，高于 32℃ 则不产孢；孢子萌发的温度为 14～32℃，最适温度约 22℃。菌丝在 pH 为 4.5～8.5 的基质上均能生长，最适 pH 为 7～7.5。除蚕豆外，还能侵染苜蓿、豌豆及巢豆属的一些野生植物种。

3. 侵染循环

病原以菌丝体、分生孢子器或假囊壳在病残体或种子等上越冬、越夏，成为翌年初侵染源。禾生苗也可能是重要的初侵染源。当第二年春季气温升高、空气湿度较高时，病残体上成熟的分生孢子器或假囊壳释放出大量的分生孢子或子囊孢子，通过雨溅或气流传播，首先侵染距离地面较近的幼茎或嫩叶，形成发病中心。之后，茎、叶上病斑产生分生孢子器，分生孢子从成熟的分生孢子器中渗出，借风雨在田间传播蔓延。病原侵染和病害发展的温度为5～30℃，最适温度为20℃。保持一定时间叶面湿润是侵染发生的必要条件。冷凉、潮湿的天气条件有利于病害的快速流行。带病种子对传统蚕豆种植区病害发生影响不大，但是能够将病害传入新的蚕豆种植区。种子表面和内部均能传带病原，播种带病种子后，在潮湿条件下幼苗发病。因此，带病种子成为大田发病的一个主要来源。

4. 流行规律

早春多雨和植株过于稠密，有利于病害发生。阴湿天气越长，发病越严重。田间遗留有上季病株残体，特别是播种的种子内混有大量的带病种子，均将诱发病害的发生。生产上未经种子消毒或播种过早、施氮肥过多均发病重。

5. 防治技术

（1）农业防治。

①种植抗病品种。田间观察表明，我国近年选育的一些蚕豆品种对褐斑病有较好的抗性，如青海11号、青海12号、凤豆15号、凤豆16号、慈溪大粒1号等。

②精选种子和种子处理。最好采用来自无病豆田或无病区的种子，或选择无病的豆荚，单独脱粒留种。在播前进行粒选，剔除病粒，选用无病饱满的籽粒作为种子。如果种子带病，播前进行温汤浸种，先将种子浸于冷水中24小时，然后移入40～50℃温水内浸10分钟，或56℃温水内浸5分钟，或用0.6%种子重量的50%福美双可湿性粉剂拌种。

③清洁田园。收获后将病茎、叶、荚清除并烧毁，配合深

耕，减少越冬病原。同时，注意不要将病株残体混入肥料中。播种前，清除田间及周边的禾生苗。

④加强田间管理。适期播种，注意排水，合理密植，在低凹的田块提倡高畦栽培。增施钾肥，促使植株生长健壮，以提高植株抗病力。与非寄主作物进行轮作；在经常发病和发病较严重的豆田内，可以采用2～3年轮作制。

（2）化学防治。发病初期，喷洒药剂，一般采用的药剂种类：①30％绿叶丹可湿性粉剂800倍液喷雾；②0.5％石灰倍量式（0.5：1：100）波尔多液喷雾；③70％甲基硫菌灵可湿性粉剂1 000倍液喷雾；④50％琥胶肥酸铜可湿性粉剂500倍液喷雾；⑤47％春雷·王铜可湿性粉剂600倍液喷雾；⑥50％福美双可湿性粉剂500倍液喷雾；⑦25％多菌灵可湿性粉剂600倍液喷雾；⑧80％代森锰锌可湿性粉剂600倍液喷雾；⑨14％络氨铜水剂300倍液喷雾；⑩77％氢氧化铜可湿性微粒粉剂500倍液喷雾。根据病情，隔10天左右喷1～2次。

（六）蚕豆立枯病

蚕豆立枯病在蚕豆各种植区均有发生。蚕豆各生育阶段均可发病。

1. 症状

蚕豆立枯病主要侵染蚕豆茎基或地下部。茎基染病多在茎的一侧或环茎，致茎变黑。有时病斑向上扩展达十几厘米，干燥时病部凹陷，几周后病株枯死。湿度大时，菌丝自茎基向四周土面蔓延，后产生直径1～2毫米、不规则形褐色菌核。地下部染病后呈灰绿色至绿褐色，主茎略萎蔫，后下部叶片变黑，上部叶片仅叶尖或叶缘变色，后整株枯死，但维管束不变色，叶鞘或茎间常有蛛网状菌丝或小菌核。此外，病原也可危害种子，造成烂种或芽枯，致幼苗不能出土或呈黑色顶枯。

2. 病原

该病为真菌病害，病原为茄丝核菌（*Rhizoctonia solani* Kuhn），

属半知菌亚门真菌。菌丝丝状，具分枝，分枝处常有缢缩，初无色，后深褐色，菌丝宽度不等，宽处 12～14 微米。菌核由筒状细胞结聚形成，初白色，后呈深褐色至黑色，形状不一，常结合成块，直径 1～10 毫米或更大。有性阶段生在深褐色菌丝上，形成灰色子实层，层内混生有担子，其顶 4 个小枝，顶生单个担孢子，担孢子无色透明，卵圆形至椭圆形，大小（8～13）微米×（4～7）微米。

3. 侵染循环

主要以菌丝和菌核在土中或病残体内越冬。翌春以菌丝侵入寄主，在田间辗转传播蔓延。

4. 流行规律

该病原侵染蚕豆温限较宽，土温 10～28℃ 均能发生病害，以 16～20℃ 为最适。长江流域 11 月中旬至翌年 4 月发病。土壤过湿或过干、沙土地、徒长苗、温度不适发病重。该病原寄主范围广，十字花科、茄科、葫芦科、豆科、伞形花科、藜科、菊科、百合科等的多种蔬菜均可被害。

5. 防治技术

（1）农业防治。

①轮作倒茬。种植蚕豆提倡与小麦、大麦等轮作 3～5 年，避免与水稻连作。及时清除植株残留物，深翻晒土，减少病原。

②种子处理。播前用 0.3% 种子重量的 40% 拌种双粉剂或 50% 福美双可湿性粉剂拌种，防止种子携带病原，降低苗期发病率。并适时播种，春蚕豆适当晚播，冬蚕豆避免晚播。

③加强田间管理。适时中耕除草、浇水施肥，避免土壤过湿，可增施过磷酸钙，提高植株抗病能力。在蚕豆生长期，适时喷施促花王 3 号抑制主梢旺长，促进花芽的分化；在蚕豆开花前喷施菜果壮蒂灵可强花强蒂，增强授粉质量，提高循环坐果率，促进果实发育，使蚕豆无空壳、无秕粒，丰产优质。

（2）化学防治。蚕豆幼苗期，应按"无病早防，有病早治"

的要求，喷施针对性药剂 2～3 次或更多次进行防治，隔 7～10 天喷 1 次，喷淋结合，喷匀淋透。常用药剂种类及用量：①58％甲霜灵·锰锌可湿性粉剂 500 倍液喷雾；②75％百菌清可湿性粉剂 600～700 倍液喷雾；③20％甲基立枯磷乳油 1 100～1 200 倍液喷雾；④72.2％霜霉威盐酸盐水溶性液剂 600 倍液喷雾。

（七）蚕豆菌核病

蚕豆菌核病在世界范围内的报道较少，我国部分南方蚕豆产区有发生，如江苏、浙江、湖北、上海、重庆等。受害后，植株萎蔫、猝倒、死亡，造成严重减产或绝收。

1. 症状

蚕豆菌核病主要侵染成株期蚕豆植株茎部，发病初期，在靠地面茎基部先呈现水渍状褐色病斑，渐变为苍白色，可环绕茎部并向上下蔓延，导致植株上部萎蔫和枯死。空气湿度大时，病部密生白色棉絮状菌丝。被侵染组织软化，后期变干枯和灰白色，表皮撕裂，病茎髓部变空，茎秆易折断；在菌丝体内或染病茎腔内产生菌核，初为白色，渐变褐色，最后呈黑色，扁圆形或鼠粪状。在多雨年份，低洼地和过密田块蚕豆发病严重，在菌核形成过程中，染病的寄主组织逐渐趋向崩溃或腐烂。

2. 病原

在我国引起蚕豆菌核病的病原通常为子囊菌亚门核盘菌属的核盘菌［*Sclerotinia sclerotiorum*（Lih.）de. Bary］及三叶草核盘菌（*S. trifoliorum* Eriks），两种病原的寄主十分广泛。前者致病较为普遍，菌核表面黑色，内部白色，鼠粪状。菌核萌发产生单生或几根束生的子囊盘柄，子囊盘漏斗状或杯状，子囊盘柄细或稍宽而长，稍弯曲。子囊盘上层子实层含一层平行排列的子囊，其中间生有侧丝。子囊圆筒形，有 8 个子囊孢子。菌丝不耐干燥，相对湿度在 85％以上才能生长。对温度要求不严，在 0～30℃都能生长，以 20℃为最适宜，适合在低温高湿条件发生。受害蚕豆植株茎上形成的菌核呈圆柱形、鼠粪状或不规则形。

3. 侵染循环

病原以菌核落在土壤里和混在种子中越冬。翌年春天当气温达 15～18℃及空气比较潮湿时，菌核萌发产生子囊盘和子囊孢子，成为田间初侵染源。子囊成熟弹射出子囊孢子，侵染四周植株。病原也可以在土壤表面形成大量菌丝体，然后侵染植株的茎。子囊孢子通过风、气流飞散传播侵染蚕豆植株引发菌核病。

4. 流行规律

该病的病原对水分要求较高，相对湿度高于 85%、温度为 15～20℃时，有利于菌核萌发和菌丝生长、侵入及子囊盘产生，相对湿度低于 70%时，病害扩展明显受阻。因此，低温、湿度大或多雨的早春或者晚秋有利于该病发生和流行，菌核形成时间短、数量多。连年种植豆科、葫芦科、茄科和十字花科蔬菜的田块，排水不良的低洼地，偏施氮肥或霜害、冻害条件下发病重。在长江流域，湿度是诱发病害的主要气候因子，早春阴湿多雨的气候容易诱发该病害。该病害大多在蚕豆开花时发生。温暖、高湿的环境条件易造成该病害严重流行。

5. 防治技术

（1）农业防治。

①合理轮作。发病严重的地块，应与禾谷类等非豆科作物进行 3 年以上轮作，与水稻轮作 1 年即可；避免与苜蓿等豆科作物、马铃薯、油菜、向日葵等相邻或轮作，避免重茬，减少迎茬，可减轻菌核病的发生。

②精选种子。生产用种需从无病田或无病株上留种，确保种子不带病原。

③改进土壤耕作措施。对发病的地块进行深耕，深度不小于 15 厘米，将落入田间的菌核深埋在土壤中，可抑制菌核萌发，减少侵染来源。要及时拔除田间发现的病株，并带出田外深埋或烧毁。

④合理施肥与密植。种植过密或施用氮肥过多，致使植株繁茂、透气性差、湿度增加，促使菌核病的病原萌发。因此，应适当控制氮肥的施用量，增施磷、钾肥，提高植株抗病能力；合理密植，避免种植密度过大，改善田间通风透光条件；及时排除田间积水，降低田间湿度。

（2）化学防治。在发病初期或开花前期，可用药剂防治，药剂种类和用量：①50%多菌灵可湿性粉剂 500 倍液喷雾；②40%菌核净可湿性粉剂 1 000～1 500 倍液喷雾；③50%异菌脲可湿性粉剂 1 000～2 000 倍液喷雾；④50%腐霉利可湿性粉剂 1 000～2 000 倍液喷雾；⑤50%甲基硫菌灵可湿性粉剂 500～700 倍液；⑥50%氯硝胺可湿性粉剂 1 000 倍液或 50%氟啶胺悬浮剂 2 000～2 500 倍液。发病初期开始，每 10～15 天喷 1 次，连喷 2～3 次。

（八）蚕豆白粉病

苏丹、埃塞俄比亚和以色列等有蚕豆白粉病发生并危害严重的报道。蚕豆白粉病普遍发生在我国各蚕豆产区，但一般不造成较大危害。云南和新疆发生较多，在其他地区（如四川、河北等省份）仅零星发生。一般在蚕豆生长季节比较干燥的地区容易发生该病。

1. 症状

该病害主要发生于蚕豆开花后，当早春蚕豆花芽初现时，即开始危害。病原首先侵染叶片，后期也侵染茎、豆荚。叶片被侵染，首先在上表面产生小的褪绿或白色区域，这些区域逐渐扩大并形成大小不一的白色粉斑。病斑扩大和合并，最后整个叶面被白粉覆盖。被侵染区域也变为紫色或褐色。极嫩叶片染病时，生长受阻，作纵向卷曲，同时叶片增厚，病害继续发展导致叶变色和枯萎，最后引起茎端凋萎。嫩茎、叶柄和荚被感染，染病区域为褐色，上面布满白粉层。严重染病的嫩荚常畸形和早熟。在病害后期，病部菌丝层上产生大量黑色闭囊壳。

2. 病原

引起蚕豆白粉病的病原为蓼白粉菌（*Erysiphe polygoni*），属子囊菌亚门白粉菌目白粉菌属真菌。闭囊壳深褐色，球形，散生在菌丝上，直径79.9～119.0微米。附属丝多，呈菌丝状，褐色，较短，与菌丝相交织，大小为（40～48）微米×（6～8）微米。闭囊壳内含1～4个卵圆形至广卵形子囊。子囊大小为（30.0～62.6）微米×（22.6～41.8）微米。子囊孢子4～8个，卵圆形或稍长卵形，单胞，无色，大小为（13.9～24.4）微米×（10.4～15.7）微米。无性态属半知菌亚门粉孢属白粉孢（*Oidium erysiphoides* Fr.）。分生孢子单胞，无色，卵圆形至长圆筒形，两端圆，大多3～4个串生，偶尔单生或双生，大小为（27.9～47.0）微米×（12.2～22.6）微米。分生孢子梗自叶片表面的外生菌丝抽出，2～4个细胞，大小为（20.4～68.0）微米×（6.8～8.5）微米。分生孢子萌发的温度范围很广，一般在16～28℃下，48小时内萌发，相对湿度要求在90%以上，但在水滴内孢子很少萌发。除蚕豆外，蚕豆白粉病的病原还侵染许多作物和杂草，包括豌豆、绿豆、菜豆、豇豆、羽扇豆、扁豆、紫云英、苜蓿、油菜、芥菜、蔓菁、番茄、苦荞麦等，以及巢豆属的几个野生种。

3. 侵染循环

病原在杂草或其他过冬作物上越冬，也能以闭囊壳形式在植株病残体上越冬，温暖地区也能以菌丝体及分生孢子在病部越夏或越冬。翌年适宜条件下，在寄主上产生的分生孢子通过气流传播到蚕豆上造成初侵染，或土壤中病残体上的闭囊壳释放子囊孢子进行初侵染，被侵染植株发病部位产生分生孢子，通过风迅速在田间扩散进行再侵染，经重复侵染，扩大危害，造成病害流行。在云南经常栽培早播菜用蚕豆，其感染的白粉病和在病叶上产生的大量分生孢子，是正常秋播蚕豆发生白粉病的一个重要病原。

4. 流行规律

病害可以在一个较广的环境条件范围发生，干燥和温暖的气候适合蚕豆白粉病发生和发展，气候干燥是发病的主要诱因。在云南昆明到大理一带，冬季的相对湿度为54%～67%，春季相对湿度为52%～61%。因此，在蚕豆生长季节，很易发生蚕豆白粉病。同在干燥的条件下，较高的气温容易诱发病害。平均气温20～24℃，潜育期短、易发病；在18℃以下，则潜育期长或发病较少。在潮湿、多雨或田间积水、植株生长茂密的情况下，易发病；干旱少雨植株往往生长不良，抗病力弱，但病原分生孢子仍可萌发侵入，尤其是干湿交替有利于该病扩展，发病重。

5. 防治技术

（1）农业防治。

①选育和推广抗白粉病品种。选用早熟品种，在白粉病大发生前接近成熟，以避免白粉病危害。

②清洁田园。蚕豆收获后及时清除病株残体，并集中深埋或烧毁。

③加强田间管理。提倡施用酵素菌沤制的堆肥或充分腐熟的有机肥，采用配方施肥技术，合理密植，加强管理，使植株生长健壮，提高抗病力。

（2）化学防治。发病初期喷施药剂，药剂种类和用量：①2%武夷菌素水剂200倍液喷雾；②25%三唑酮可湿性粉剂2 000倍液喷雾；③50%萎锈灵乳油800倍液喷雾；④50%硫黄悬浮剂200倍液喷雾；⑤25%丙环唑乳油4 000倍液喷雾；⑥40%氟硅唑（福星）乳油5 000～8 000倍液喷雾；⑦60%防霉宝2号水溶性粉剂1 000倍液喷雾；⑧30%碱式硫酸铜悬浮剂300～400倍液喷雾；⑨10%苯醚甲环唑水分散粒剂1 500～2 500倍液喷雾。隔7～10天喷药1次，连喷2～3次。

（九）蚕豆霜霉病

蚕豆霜霉病多发生在我国南方地区，如江苏、浙江、四川、云南等蚕豆产区，一般不造成较大的危害。但是，严重流行时，可导致大量植株顶端枯死，造成严重产量损失。例如，2010年3—4月，江苏省南通市蚕豆霜霉病严重发生，部分田块发病率100%，有80%以上植株死亡。

1. 症状

病原可以侵染蚕豆叶、茎和荚。叶片染病初期，首先在上表面出现轮廓不明显的淡黄色斑块，同时在变色区域内夹杂褐色的小斑点和不规则的斑块。叶片变色部分逐渐扩大，有时可达整个叶面。在叶片变色区域的背面，产生浅紫色绒毛状霉层。随着病情发生，病斑逐渐变为深褐色，最后干枯。顶部幼叶先被侵染，病斑快速扩大，导致整个叶片被侵染，有时顶部的所有叶片和叶柄都被侵染，最后变为深褐色并枯死。

2. 病原

引起蚕豆霜霉病的病原为野豌豆霜霉蚕豆专化型（*Peronospora viciae* f. sp. *fabae*）。属鞭毛菌亚门真菌。孢囊梗从寄主叶片气孔伸出，单生或束生，大小为（250～500）微米×（6～9）微米，分枝4～8次，顶枝大小为（4～20）微米×（2～3）微米；孢子囊椭圆形至短椭圆形，浅黄色，大小为（14～24）微米×（12～21）微米，卵孢子球形，膜黄色，具网状凸起，直径26～40微米。寄主植物有蚕豆、豌豆、野豌豆等。

3. 侵染循环

病原以卵孢子在土壤中或病残体上、种子上越冬。翌年条件适宜时，土壤内的卵孢子萌发产生游动孢子，从子叶内侵入，菌丝向上扩展进入生长点，然后随生长点向上蔓延，进入芽或真叶，产生系统侵染的病苗。随后产生大量孢子囊及孢子，借风雨传播蔓延，进行再侵染，经多次再侵染引发该病流行。

4. 流行规律

一般雨季气温20～24℃发病重。低温和潮湿的气候条件有利于病害流行。

5. 防治技术

（1）农业防治。

①选用抗病品种。各地根据当地气候和品种资源状况，选育和推广抗病品种。从无病田采种，选用无病荚留种。田间调查表明，蚕豆品种间对霜霉病存在明显的抗性差异。例如，2010 年，蚕豆品种日本大白皮在江苏南通蚕豆霜霉病严重流行时发病较轻，而海门大青皮发病严重。

②轮作倒茬。与非寄主作物实行轮作，减少初侵染源。例如，与小麦、水稻等作物实行 2 年以上的轮作。

③清洁田园。蚕豆成熟收获后，及时将病残体清除出田园，集中烧毁，并及时翻耕土地。

④配方施肥。施用充分腐熟的有机肥，采用配方施肥技术，合理密植，改善田间通风透光条件，使植株生长健壮，提高抗病力。

（2）化学防治。

①种子处理。播种前，用 0.3% 种子重量的 35% 甲霜灵拌种剂拌种。

②田间药剂防治。发病初期，开始喷洒 1∶1∶200 的波尔多液或 90% 三乙膦酸铝可湿性粉剂 500 倍液、72% 霜脲·锰锌（克抗灵）可湿性粉剂 800～1 000 倍液。对上述杀菌剂产生抗药性的地区，可改用 69% 安克·锰锌可湿性粉剂或水分散粒剂 1 000 倍液、25% 嘧菌酯悬浮剂 1 000～2 000 倍液、80% 代森锰锌可湿性粉剂 600～800 倍液、72% 霜霉威盐酸盐水剂 700～1 000 倍液等，隔 10 天左右防治 1 次，连续防治 2～3 次。

（十）蚕豆细菌性茎疫病

德国和苏联报道蚕豆有这种细菌病害，病原诱发蚕豆叶片出现灰色病斑和茎秆黑化，并使整个植株腐败。在国内，早在1936 年，俞大绂先生就发现了这种蚕豆细菌病。1965 年、1972年，在云南省昆明市呈贡区曾两次大发生，发病面积数千亩，几乎全无收成。2000年，黄琼等报道在云南省昆明市的晋宁县、呈贡区，大理白族自治州的大理市、洱源县、剑川县、弥渡县、保山市，玉溪市，丽江市的永胜县，曲靖市的会泽县等蚕豆产区发生细菌性茎疫病，造成死苗、花腐、叶坏死、茎枯，严重时全田黑枯像火烧一样，造成严重减产。近年来，该病在长江流域雨后常见，发病率为10%～20%，个别田块达到30%。该病会引起全株死亡，发病率几乎等于损失率。

1. 症状

发病部位多在茎秆、复叶叶柄和叶片基部。一般植株上，中部先发病，茎秆受害开始出现黑色短条斑，水渍状、有光泽，病部时常凹陷，在高湿和高温条件下，病斑迅速扩大、合并、向下方蔓延，病茎变黑软化，呈黏性，收缩成线状，呈典型茎枯状。叶片感病边缘开始变成灰黑色，以后整叶变黑枯死脱落，仅留下枯干黑化的茎端。病原滋生于寄主薄壁组织细胞间隙，维管束最易受害。豆荚受害初期，其内部组织呈水渍状坏死，逐渐变黑腐烂，后期豆荚外表皮也坏死变黑。受害豆粒表面形成黄褐色至红褐色斑点，中间颜色较深。

2. 病原

蚕豆细菌性茎疫病菌［*Pseudomonas fabae*（Yu）Burkholder］，属原核生物界假单胞杆菌属。菌体杆状，大小为（1.1～2.8）微米×（0.8～1.1）微米，单生或对生，无芽孢，有荚膜，1～4根极生鞭毛，革兰氏染色阴性。菌落圆形，白色，光滑，黏稠，有荧光，好气性，液化明胶，还原硝酸盐，产生吲哚和硫化氢，石蕊牛乳澄清，但不凝固和冻化，水解淀粉的能力极弱，发酵葡萄糖微产酸，但不产气，发酵其他多种糖类，不产酸也不产气。病原生长最适温度为35℃，最高温度为37～38℃，最低温度为4℃，致死温度为52～53℃。

3. 侵染循环

病原在土壤及病残体上越夏，是秋播蚕豆发病的主要初侵染源。该病以植株地上部的伤口侵入为主，也可从自然孔口侵入，经几天潜育即可发病。病害的发生和流行，与蚕豆生育期以及生长季节中的雨日和雨量、土壤湿度、土壤肥力有密切关系。雨水、淹水及土壤湿度大，是病原再侵染和传播蔓延的主要途径。

4. 流行规律

（1）温、湿度。该病适宜在高温高湿条件下发生，春季气温回升快，春雨多的年份常常造成大流行。久旱后突然降大雨，2～3 天病害症状即明显表现出来，并迅速蔓延，雨后滞水的田块发生最为严重。

（2）土壤肥力。在地势低洼、排水不畅、种植粗放、土壤肥力差的田块发病重，植株受冻、虫伤及其他损伤会加重发病。

（3）品种抗病性。不同蚕豆品种对蚕豆细菌性茎疫病有明显的抗病性差异。云南抗病性鉴定结果表明，在 159 份种质资源中，免疫的有 12 份，高抗的有 71 份，抗病的有 39 份，感病的有 20 份，高感的有 17 份（黄琼等，2000）。发病率低于 10％的品种有启豆 2 号、启豆 4 号、洪都蚕豆、通研 1 号、宜池小胡豆、临蚕 3 号、海门大青豆、K0747、K0627 等。

5. 防治技术

（1）农业防治。

①选用抗病品种。一般本地品种较抗病，但大多产量不高或品质较差，各地应根据当地资源情况，选育和推广抗病品种。

②合理轮作。蚕豆细菌性茎疫病以土壤传播为初侵染源，蚕豆与小麦、油菜、水稻合理轮作可有效减少病原。此外，建立无病留种田，可防止种子带病传播。

③做好农田基础设施建设。建好排灌系统，高垄栽培，雨季注意排水，降低田间湿度。一般雨后排水良好的田块发病较轻。

④加强栽培管理，合理施肥。对发病重的田块，施硫酸钾10～15 千克/亩、硫酸锌 1～2 千克/亩；初花期、初荚期喷 2 次硼肥。在低洼田内，勿密植；加强栽培管理，注意防治各类病虫

害。发现病株后及时拔除中心病株，减少再侵染，控制病害蔓延。

（2）化学防治。发病田块在初花期和初荚期需喷药防治，尤其是在大暴雨过后应及时喷药保护。可用药剂种类及用量如下：①72%农用链霉素可溶性粉剂 3 000～4 000 倍液喷雾；②47%春雷霉素·氧氯化铜（加瑞农）可湿性粉剂 800～1 000 倍液喷雾；③50%琥胶肥酸铜可湿性粉剂 500～600 倍液喷雾；④14%络氨铜水剂 300～500 倍液喷雾；⑤77%氢氧化铜可湿性粉剂 500～800 倍液喷雾。

（十一）蚕豆花叶病毒病

1. 由菜豆黄花叶病毒引起的蚕豆花叶病毒病

由菜豆黄花叶病毒（Bean yellow mosaic virus，BYMV）引起的蚕豆花叶病毒病是蚕豆生产中主要的病毒病，在世界许多蚕豆生产国普遍发生，对生产影响严重。在我国云南蚕豆田随机采集的标样中，菜豆黄花叶病毒的侵染率高达 96%，而在具有病毒症状的样本中，侵染率为 100%。

（1）症状。菜豆黄花叶病毒导致蚕豆系统花叶，以及幼叶被侵染初期出现明脉，随后表现为轻花叶、脉带以及褪绿。

（2）病原。菜豆黄花叶病毒，隶属于马铃薯 Y 病毒科（*Potyviridae*）中的马铃薯 Y 病毒属（*Potyvirus*）。病毒粒子呈弯曲线状，无包膜，长约 750 纳米，直径 12～15 纳米，属 RNA 病毒。病毒核酸为单分子线形正义单链 RNA（ssRNA）。病毒的致死温度为 65℃，体外存活期 2～7 天，稀释限点 10^{-5}～10^{-3}，沉淀常数 151S。

（3）发生规律。菜豆黄花叶病毒通过摩擦、蚜虫和种子带毒传播。传毒蚜虫有 20 多种，包括豌豆蚜（*Acyrthosiphon pisum*）、大戟长管蚜（*Macrosiphum euphorbiae*）、桃蚜（*Myzus persicae*）、蚕豆蚜（*Aphis fabae*）等。蚜虫以非持久方式传毒，在蚕豆上的种传率为 4%～17%。

菜豆黄花叶病毒可以侵染许多种植物，可引起 18 种食用豆类作物和苜蓿属、车轴草属、草木樨属等豆科牧草的病害。田间初侵染源有两个：带病毒的蚕豆种子和来自其他发病作物的带毒蚜虫。一旦在蚕豆田间由病种或毒蚜取食形成发病中心植株后，病害在田间的进一步扩散主要通过蚜虫的迁飞取食完成。因此，有利于蚜虫群体增殖和有翅蚜形成的气候条件以及田间和地边杂草丛生的环境条件，都可以加重病害的发生。

（4）防治方法。

①农业防治。

a. 种植抗病品种。利用品种抗性是控制蚕豆花叶病毒病的主要方法。国际干旱地区农业研究中心（ICARDA）在蚕豆中发现了一些抗菜豆黄花叶病毒材料，如加拿大的 2N138、2N295、2N23、2N65、2N2，阿富汗的 BPL5247、5248、5249、5251，西班牙的 BPL5250，土耳其的 BPL5252，埃及的 BPL5255。我国云南的蚕豆种质云豆 315 表现抗病（病情指数 8.3），而 97-1867 表现中抗（病情指数 15.7）。Bos 等先后命名了蚕豆的 3 个抗菜豆黄花叶病毒基因：bym-1、bym-2 和 bym-3。

b. 选用健康种子。健康的无毒种子能够有效减少初侵染源。

c. 栽培防治。清洁田园，铲除可以作为蚜虫寄主的杂草，也能够起到减轻病害的目的。

②化学防治。药剂防治分为蚜虫防治和病毒病防治两部分。蚜虫可以用 0.5％种子重量的 10％吡虫啉可湿性粉剂拌种防治；在蚜虫发生初期，喷施 10％吡虫啉可湿性粉剂 2 500 倍液、50％抗蚜威可湿性粉剂 2 000 倍液、2.5％高效氟氯氰菊酯乳油 2 000 倍液。病毒病防治可在发病前或发病初期叶面喷施 NS-83 或 88-D 耐病毒诱导剂 100 倍液，或 2％或者 8％宁南霉素水剂（菌克毒克）、6％低聚糖素水剂、0.5％菇类蛋白多糖水剂、20％盐酸吗啉胍·乙酸铜可湿性粉剂、3.85％病毒必克可湿性粉剂、40％克毒宝可湿性粉剂。

2. 由豌豆种传花叶病毒引起的蚕豆花叶病毒病

豌豆种传花叶病毒（Pea seed-borne mosaic virus，PSbMV）在世界许多蚕豆种植地区引起蚕豆花叶病毒病，一般发病率在10%以下，局部地区对生产有影响。在我国，已从云南和青海的蚕豆田中鉴定出豌豆种传花叶病毒。豌豆种传花叶病毒在蚕豆上的种传率为2.0%~10.6%。

（1）症状。在蚕豆叶片上出现花叶、斑驳或明脉症状，叶片卷曲，植株轻度矮缩，种子变小，种皮开裂并有坏死条斑。

（2）病原。豌豆种传花叶病毒，隶属于马铃薯Y病毒科（*Potyviridae*）中的马铃薯Y病毒属（*Potyvirus*）。病毒粒子呈弯曲线状，无包膜，长770纳米，直径12纳米，属RNA病毒。病毒核酸为单分子线形正义RNA（ssRNA）。病毒粒子致死温度55℃，体外存活期1天（发病叶片）或4天（病植株根中病毒），稀释限点10^{-4}~10^{-3}，沉淀常数为154S。

（3）发生规律。豌豆种传花叶病毒通过机械摩擦、蚜虫和种子传播。病害在田间通过蚜虫传播，主要传毒蚜虫为豆蚜、蚕豆蚜、豌豆蚜以及其他19种蚜虫。蚜虫传毒方式为非持久性传毒，也有半持久性传毒的方式。

豌豆种传花叶病毒能侵染12科47种植物，包括7种豆类作物，具有较宽的寄主范围。

豌豆种传花叶病毒的田间初侵染源主要为带毒种子和来自其他越冬带毒寄主上的蚜虫。带毒种子形成病苗后，经蚜虫传毒，引起大量植株发病。20~25℃和一般的湿度环境下，病害发展迅速；温度略高、气候干旱，有助于蚜虫种群的增长和蚜虫迁飞，有利于病害扩散。

（4）防治方法。

①农业防治。种植无病毒侵染的健康种子，可以有效控制初侵染源。

②化学防治。参见蚕豆花叶病毒病防治方法。

（十二）蚕豆萎蔫病毒病

由蚕豆萎蔫病毒（Broad bean wilt virus，BBWV）引起的蚕豆萎蔫病毒病是世界蚕豆生产中的重要病害，在中东和北非地区常导致严重的生产损失。该病在我国蚕豆各主要产区普遍发生，其中在南方地区发生严重。田间发病率可达 80％，引起明显的生产损失。

1. 症状

蚕豆萎蔫病毒侵染蚕豆会形成花叶，但花叶类型因侵染早晚、品种抗性差异等而有所不同。主要症状为叶片花叶、明脉、皱缩，少花、不结实或结实率低；如冬前感染，还会出现植株矮化，有效品种产生萎蔫，有的嫩茎上出现黑色长条斑并很快枯萎死亡。

2. 病原

蚕豆萎蔫病毒 1 号（Broad bean wilt virus-1，BBWV-1）和蚕豆萎蔫病毒 2 号（Broad bean wilt virus-2，BBWV-2），隶属于豇豆花叶病毒科（*Comoviridae*）中的蚕豆病毒属（*Fabavirus*）。病毒粒子为等轴对称二十面体，直径约 25 纳米，无包膜，属 RNA 病毒。病毒核酸为二分子线形正义 RNA（ssRNA）。粒子中 3 种成分的沉淀常数分别为 $56\sim63S$（T）、$93\sim100S$（M）、$113\sim126S$（B）。蚕豆萎蔫病毒 1 号的 A_{260}/A_{280} 的值为 1.32（T）、1.64（M）和 1.75（B）；蚕豆萎蔫病毒 2 号的 A_{260}/A_{280} 的值为 1.32（T）、1.64（M）和 1.75（B）。蚕豆萎蔫病毒 1 号的致死温度 $55\sim60℃$，体外存活期 $3\sim4$ 天，稀释限点为 $10^{-4}\sim10^{-3}$；蚕豆萎蔫病毒 2 号的致死温度 60℃，体外存活期为 22℃下 4 天，稀释限点为 10^{-4}。在我国发生的蚕豆萎蔫病毒病的病原普遍为蚕豆萎蔫病毒 2 号，目前尚未分离到蚕豆萎蔫病毒 1 号。

3. 发生规律

蚕豆萎蔫病毒寄主植物很多，寄主全年存在，可以在田间寄主病组织上以寄生方式越冬或越夏。由豆蚜、桃蚜等多种蚜虫以非持久性方式传播，病毒的浓度影响蚜虫的传毒效能。吸食低浓度病毒的桃蚜，其传毒率约 25%，而吸食高浓度病毒的桃蚜，能保持其传毒能力达 24 小时。天气干燥，传毒介体数量大，有利于病害发生和流行。当蚕豆田附近有蔬菜地或田块旁杂草丛生时，往往发病重。

4. 防治方法

（1）农业防治。

①选用抗（耐）病品种。不同品种之间抗性差异明显，选育抗性强的蚕豆品种是防治蚕豆病毒病的有效途径。

②适时播种。从无病田留种，选择健康饱满的无病种子，适期播种，培育壮苗。

③清除初侵染源，严防再侵染。发现田间染病植株应及早拔除，并将病株深埋或高温堆肥，严防继续扩散侵染。不要将蚕豆和豌豆混杂种植于蔬菜地。

④加强田间管理。及时拔除田间杂草。叶面喷施营养剂加黑皂或普通洗衣肥皂（0.05%～0.10%），有助于钝化毒源，促进植株生长。

（2）化学防治。参见蚕豆花叶病毒病防治方法。

（十三）蚕豆黄化卷叶病毒病

由菜豆卷叶病毒（Bean lcaf rooll virus，BLRV）引起的蚕豆黄化卷叶病毒病，对蚕豆生产有较大的影响。目前，在中东地区以及澳大利亚，蚕豆黄化卷叶病毒病已成为蚕豆生产中的重要病害之一，田间发病率 27%～100%，可以造成 50%～90% 蚕豆产量损失，甚至在叙利亚的沿地中海地区有造成绝收的记录。该病害在我国也有发生。国内的研究表明，蚕豆开花期前被侵染的植株几乎不结荚，开花后发病植株单株减产 87.9%～98.0%。

1. 症状

在蚕豆上引起顶叶褪绿黄化，叶柄缩短，叶缘上卷，叶片僵直上举；叶片脉间黄化；植株矮缩，呈宝塔形；叶片早落，结荚少或无荚。

2. 病原

菜豆卷叶病毒，隶属于黄症病毒科（*Luteoviridae*）中的黄症病毒属（*Luteovirus*）。病毒粒子为等轴对称二十面体，无包膜，直径 27 纳米，属 RNA 病毒。病毒核酸为单分子线形正义 RNA（ssRNA）。病毒粒子 A_{260}/A_{280} 的值为 1.83。提纯病毒可以在室温下保存侵染活性 10 天。

3. 发生规律

菜豆卷叶病毒通过蚜虫、嫁接传播，但不通过摩擦、种子和花粉传播。传毒蚜虫主要有豆蚜、蚕豆蚜、豌豆蚜等 10 余种，以持久性方式传毒，豆蚜传毒力最强，病毒在蚜虫体内不增殖。

菜豆卷叶病毒寄主范围较窄，自然侵染 9 种食用豆类作物和多种豆科牧草；接种条件下仅侵染豆科中的 20 种作物和牧草。

传毒蚜虫的存在和迁飞是蚕豆黄化卷叶病毒病发生的关键因素。带有菜豆卷叶病毒的蚜虫主要在豆科寄主（如秋播蚕豆）上越冬，翌年春季通过有翅蚜迁飞将病毒传至全田，引起蚕豆黄化卷叶病毒病。夏季，蚜虫将病毒传至其他豆科植物，形成周年侵染循环。气候温暖（10～25℃）有利于蚜虫繁殖、获毒与传毒，易造成病毒病的大流行。

4. 防治方法

（1）农业防治。

①种植抗病品种。在 ICARDA，已筛选出一些对菜豆卷叶病毒抗性非常突出的蚕豆资源：ILB 0084、ILB 0086、ILB0107、ILB 0485（阿富汗）、ILB 0202（土耳其）、ILB 0328、ILB 4133（中国），ILB 0388（突尼斯）、ILB 0426（苏丹）、ILB 0603-A（俄罗斯）、ILB 0710（也门）、ILB 1831（瑞士）、ILB 5000（巴基斯坦）、BPL 1179（哥伦比亚）。澳大利亚的蚕豆抗菜豆卷叶病毒育种工作已获得明显进展。

②田间管理。及时拔除病株，减少蚜虫的毒源；调整播期，避开蚜虫迁飞和传毒高峰；与禾本科作物轮作，可减少病毒和传毒介体数量；生产田远离苜蓿田，因为后者是菜豆卷叶病毒的重要初侵染来源地。

（2）化学防治。参见蚕豆花叶病毒病防治方法。

二、豌豆的主要病害及其防治

（一）豌豆锈病

1. 症状

豌豆锈病在我国所有豌豆种植区均有发生，其中，以西南地区最为严重。已报道有多种单胞锈菌引起豌豆锈病，其中主要病原为蚕豆单胞锈菌（*Uromyces viciae-fabae*）和豌豆单胞锈菌（*Uromyces pisi*）。锈菌侵染影响植株生理与生化过程，显著降低光合作用强度，严重流行时导致叶片干枯、脱落，豆荚停止发育。在适宜病害流行的环境条件下，豌豆单胞锈菌引起的产量损失可达 30% 以上，而蚕豆单胞锈菌导致的产量损失高达 50%。此外，豌豆锈病侵染还显著减少根瘤的数量与缩小根瘤的体积，降低固氮酶的活性。

豌豆的叶、叶柄、茎、荚均可被病原侵染。叶片发病初在叶面或叶背产生黄白色小斑点，然后在叶背产生杯状、白色的锈孢子器，继而形成黄色夏孢子堆，破裂后散出黄褐色的夏孢子。有时环绕老病斑四周产生一圈新的疱状斑，或不规则散生，发病重的叶片上布满锈褐色小疱，随后全叶遍布锈褐色粉末。后期病斑上产生黑色隆起斑，为冬孢子堆，破裂后散出黑褐色粉状物，即病原的冬孢子。被侵染的茎和叶柄上的病斑与叶片上的相似。

我国大部分地区豌豆锈病的病原为蚕豆单胞锈菌，目前仅在江苏、浙江和四川报道豌豆锈病的病原为豌豆单胞锈菌。在北方，蚕豆单胞锈菌以冬孢子堆在豌豆、蚕豆等病残体上越冬。翌年春季，冬孢子萌发产生担子和担孢子。担孢子借气流传播到寄主叶面，萌发时产生芽管直接侵染豌豆，在病部产生性孢子器及性孢子和锈孢子器及锈孢子，然后形成夏孢子堆。夏孢子重复产生，借气流传播进行再侵染，在病害流行中起着重要作用。秋季形成冬孢子堆及冬孢子越冬。在南方，蚕豆单胞锈菌和豌豆单胞锈菌以夏孢子进行初侵染和再侵染，并完成侵染循环。但是，蚕豆单胞锈菌也可能以越冬的冬孢子作为初侵染源引发病害。在云南，染病豌豆叶片的病症以出现锈孢子器为主，锈孢子可能是豌豆锈病流行的重要再侵染源。

蚕豆单胞锈菌的锈孢子在豌豆整个生育期都产生，是影响病害流行的主要因子。蚕豆单胞锈菌锈孢子产生的温度为 $10 \sim 27 ℃$，其中在 $25 ℃$ 左右产孢量最大。夏孢子主要在植株衰老时产生。锈孢子最适萌发温度为 $25 ℃$，夏孢子最适萌发温度为 $15 ℃$，温度大于 $15 ℃$ 则萌发率下降。100％ 的相对湿度有利于锈孢子萌发，而夏孢子萌发最适相对湿度为 98％。温度对豌豆锈病的流行有显著和直接的作用，而降水和湿度与锈病的发展呈负相关关系。豌豆品种、播种期以及其他环境因子与病害流行有密切关系。种植品种感病是病害流行的重要原因；早播豌豆发病轻，晚播则发病重；地势低洼和排水不畅、土质黏重、植株种植过密、农田通风不良，则发病重。

2. 防治方法

（1）种植抗病品种。国内已筛选出一些抗病资源，如辽宁的海顶柱（G0000313）、麻豌豆（G0000321）、无名豌豆 4 号（G0000325）、无名豌豆 8 号（G0000327）表现抗病，中抗类型有内蒙古的白豌豆（G0002639）、美国的 Ps310126（G0003431）、辽宁的矮生大粒（G0000335）等。浙豌 1 号和新西兰菜豌豆在浙江表现为锈病的发病率较低。近年来，中国科学家与澳大利亚科学家合作在豌豆抗锈病资源筛选与抗病品种选育方面取得显著成效，培育出一些抗锈病豌豆品系。

（2）农业防治。适时早播和利用早熟品种，避开锈病发生高峰期，减轻病害损失；与非寄主作物轮作 1～2 年，可以有效降低田间病原量；采用高畦深沟或高垄栽培，合理密植，及时整理枝蔓，加强通风透光，增强植株抗病力。田间土壤湿度大时，注意开沟排水降低田间湿度，降低病害发病程度；适量增施磷、钾肥，增强植株抗病力，可以降低锈病的发生率和严重度。避免过度施用氮肥导致植株徒长和嫩弱，降低抗性，有利于锈病发生。收获后，及时清除豌豆秸秆，集中深埋或烧毁，降低病原在田间的越冬基数；播种前，铲除田间豌豆、蚕豆自生苗及其他野豌豆属自生苗，这些自生苗是豌豆单胞锈菌"绿桥"，可能是重要的初侵染源。

（3）化学防治。在发病初期，喷施 43％菌力克悬浮剂 6 000～8 000 倍液、40％氟硅唑乳油 6 000～8 000 倍液、30％氟菌唑可湿性粉剂 4 000～5 000 倍液、50％多硫悬浮剂 600 倍液、50％混杀硫悬浮剂 500 倍液、15％三唑酮可湿性粉剂 1 500～2 000 倍液、10％苯醚甲环唑（世高）水悬浮剂 2 000～3 000 倍液、43％戊唑醇悬浮剂 3 000 倍液、25％腈菌唑乳油 2 500～3 000 倍液、80％代森锰锌可湿性粉剂 600～800 倍液、25％丙环唑乳油 1 000 倍液、2％武夷菌素水剂 150～200 倍液或 0.2～0.3 波美度石硫合剂等。根据病害发生情况，隔 10～14 天防治 1 次，连续防治 3～4 次，不同药剂交替使用。

（二）豌豆白粉病

1. 症状

豌豆白粉病是豌豆的重要病害之一。该病广泛分布于世界各豌豆产区，尤其在白天温暖、夜间冷凉的气候条件下危害最为严重。在我国，所有豌豆种植区都有豌豆白粉病发生，其中在云南、四川、福建、河北、甘肃等省份，一些豌豆主产区危害严重。豌豆被白粉病侵染，可导致植株总生物量、单株结荚数、每荚粒数、植株高度以及茎节数减少，一般可造成 26％～47％的产量损失。此外，白粉病的发生能加速豌豆植株成熟，导致青豌豆的嫩度值快速提高。豆荚被严重侵染可导致籽粒变色、品质下降。

豌豆白粉病由豌豆白粉菌（*Erysiphe pisi*）引起。该病原为活体营养型真菌，能够侵染豌豆植株的所有绿色部分。发病初期，最先出现的症状是在叶片或叶托表面产生小的、分散的淡黄色斑点，随后病斑逐渐扩大形成白色至淡灰色粉斑，最后病斑合并使病部表面被白粉（病原的气生菌丝、分生孢子梗和分生孢子）覆盖，叶背呈褐色或紫色斑块。病害由下向上逐渐蔓延，发病严重的病株，其叶片、茎、豆荚上布满白粉，豆荚表皮失去绿色，结荚少。受害较重的植株枯萎和死亡，被侵染区域下面的组织变黑，成熟病斑上散生黑色小粒点，即闭囊壳。

在西北或华北寒冷地区，病原以闭囊壳、休眠菌丝或分生孢子在病残体上越冬，成为初侵染源，翌年以子囊孢子进行初侵染，或从越冬的休眠菌丝上产生分生孢子进行侵染。初侵染一旦建立，则很快形成分生孢子进行再侵染。分生孢子在分生孢子梗上连续产生，借气流远距离传播，1小时内便可萌发造成侵染，在适宜条件下（约25℃）潜伏期很短，5天就能造成病害流行。南部温暖地区，病原在寄主作物间辗转传播危害，无明显越冬期。除侵染豌豆外，豌豆白粉菌还可侵害其他一些豆科作物，如苜蓿、紫云英、羽扇豆、小扁豆等。

豌豆白粉病在白天温暖、干燥，夜间冷凉并能结露的气候条件下发病最重。因此，半干旱的生长季节该病害严重流行。土壤干旱或氮肥施用过多，土壤缺少钙、钾肥，植株抗病力降低时，病害发生相对严重。温度偏高，多年连作、地势低洼、田间排水不畅、种植过密、通风透光差、长势差的田块发病重。豌豆对白粉病的最易感病生育期为开花结荚中后期，因此在北方地区晚熟品种或晚播有利于发病，而在南方地区如福建，晚播则发病时间也相应推迟，后期的损失较小。

2. 防治方法

（1）种植抗病品种。利用抗病品种是防治豌豆白粉病最有效的方法。目前，我国已筛选和引进免疫或高抗白粉病的豌豆资源，并已培育出一些高抗白粉病的优质品系。此外，多年观察表明，以下栽培品种在田间对白粉病表现较好的抗病性，如适于北京、浙江、湖北种植的中豌 2 号，适于华北及西北部分地区种植的晋硬 1 号、晋软 1 号、绿珠豌豆、小青荚豌豆，适于西南、华南地区种植的无须豆尖 1 号豌豆、杂交大荚豌豆等。

（2）农业防治。利用农业措施也可以有效减轻豌豆白粉病的发生，如适时早播和利用早熟品种避开白粉病流行高峰时期；适量增施磷、钾肥，增强植株抗病力，降低白粉病的发生率和严重度。在白粉病严重发生地区，可以进行药剂防治，但药剂防治必须在病害发生前或发生初期进行。

（3）化学防治。在病害发生初期，施 43％菌力克悬浮剂 6 000～8 000 倍液、40％福星乳油 6 000～8 000 倍液、50％多硫悬浮剂 600 倍液、50％混杀硫悬浮剂 500 倍液、15％三唑酮可湿性粉剂 1 500～2 000 倍液、10％苯醚甲环唑水悬浮剂 2 000～3 000 倍液、43％戊唑醇悬浮剂 3 000 倍液、25％腈菌唑乳油 2 500～3 000 倍液。根据病害发生情况，隔 10～14 天防治 1 次，连续防治 3～4 次，不同药剂交替使用。

（三）豌豆褐斑病和褐纹病（豌豆壳二孢疫病）

1. 症状

由豌豆壳二孢（*Ascochyta pisi*）、豆类壳二孢〔*A. pinodes*，有性阶段为豌豆球腔菌（*Mycaspaerea pinode*）〕和豌豆脚腐病菌（*Phoma medicaginis* var. *pinodella*）引起的豌豆壳二孢疫病是豌豆最主要的病害之一，广泛发生于世界各豌豆产区。我国已报道豌豆壳二孢和豆类壳二孢两种病原，分别引起褐斑病和褐纹病，豌豆脚腐病菌在我国迄今还没有报道，是国家对外检疫的重要性病原。褐斑病和褐纹病在我国各豌豆种植区都有发生，褐斑病危害较轻，褐纹病危害较重，一般造成 15%～20% 的产量损失，严重时减产高达 50%。

豌豆壳二孢主要危害植株地上部分。叶片和荚上病斑呈圆形，茎部病斑呈椭圆形或纺锤形，略凹陷，病斑中心褐色或棕色，有明显的深褐色边缘，病斑上产生大量小黑点，即分生孢子器。豆类壳二孢侵染豌豆叶片、茎、荚和子叶，症状初期为小的紫色不规则斑点，边缘不明显。在较老的叶片上或在适宜的条件下，病斑扩大，有时合并，导致组织干枯。叶部和荚上病斑常常产生分生孢子器，并以黄褐色和棕色交替的同心环方式扩展形成轮纹斑。严重侵染可导致叶片失水、易碎，但叶片不脱落。茎上病斑呈紫黑色，常常合并，甚至环茎，造成上部叶片变黄、植株枯死和脚腐。病原能够穿过荚侵染内部的种子，引起种皮皱缩和变色。

豌豆壳二孢腐生能力较弱，在病残体上越冬的病原不是主要的初侵染源。种子带菌对病害发生和流行极为重要。带菌种子出苗后在子叶和下胚轴产生病斑，并在发病组织上产生分生孢子器。分生孢子借风雨传播，从气孔或者直接穿透表皮侵入寄主组织，潜育期 6～8 天，在新病斑上产生分生孢子器和分生孢子进行再侵染。豆类壳二孢以厚垣孢子在土壤中越冬，或以菌丝体、菌核、假囊壳在豌豆植株残体上越冬。在春天，越冬病原产生分生孢子或子囊孢子进行初侵染。分生孢子通过雨溅短距离扩散；子囊孢子通过风传进行大范围侵染，是主要初侵染源。冷凉、潮湿多雨的天气有利于病害的发生与蔓延。

2. 防治方法

（1）种植抗病品种。选择合适的抗病品种种植。

（2）农业防治。与非寄主作物轮作 4 年以上；选择土质疏松的地块种植；施用腐熟的有机肥，增施磷、钾肥；收获后及时清除病残体，并深翻土地，减少菌源。

（3）化学防治。用种子重量 0.1% 的 50% 苯菌灵可湿性粉剂和 50％福美双可湿性粉剂混合药剂（1∶1）拌种。发病初期，喷 70％代森锰锌可湿性粉剂 400 倍液、75％百菌清可湿性粉剂 500 倍液、70％乙膦铝锰锌可湿性粉剂 400 倍液、58％甲霜·锰锌可湿性粉剂 500 倍液、40％多菌灵锰锌可湿性粉剂 500～600 倍液等，隔 7 天喷 1 次，连喷 3～4 次。

（四）豌豆根腐病

豌豆根腐病由茄镰孢豌豆专化型（*Fusarium solani* f. sp. *Pisi*）引起，镰孢菌根腐病是最重要的病害之一。该病在我国普遍发生，其中，甘肃、宁夏、云南、四川、福建、安徽、内蒙古、河北发生严重。镰孢菌根腐病一般导致 30％～57％的豌豆产量损失，严重发生的地块减产可达 60％以上。

1. 症状

豌豆根腐病主要危害根或根茎部。最初的侵染发生在子叶节区、地下的上下胚轴和主根上部，随后向上扩展到地表以上茎基部和向下扩展到根部。被侵染的主根和侧根最初症状为出现红褐色至黑色条纹病斑，随后病斑合并，根变黑，根瘤和根毛明显减少，纵剖根部，维管束变褐色或红色。茎基部产生砖红色、深红褐色或巧克力色病斑，严重时缢缩或凹陷，病部皮层腐烂；病株植株矮化，叶片变灰，接着变黄，下部叶片枯萎，最后植株死亡。

病原以厚垣孢子在病残体上或土壤中越冬。土壤带菌是病害发生的主要初侵染源。当土壤相对湿度超过 9％时，豌豆播种在土壤中 20 小时后，厚垣孢子就可大量萌发。豌豆种子吸胀和萌发时向土壤中释放营养是导致厚垣孢子萌发、生长和侵染豆苗的主要原因。病原的初侵染一般从上、下胚轴的气孔开始，随后向下扩展到根系。但是，病原也可以通过分泌酶直接穿透豌豆上胚轴的角质层进行侵染。

病原主要靠带菌的土壤、沙尘和表面污染的种子传播。带菌土壤、秸秆、粪肥等是病害发生的初侵染源。病害的田间传播主要通过雨水、灌溉水或农具等。干旱、高温气候条件有利于豌豆根腐病发生。在西北地区，春季干旱、少雨、土壤墒情差，种子在土壤中萌发吸水不够，延长了萌发出苗时间，种子感染土壤中的根腐病的病原，造成苗弱、苗死。在开花结荚期高温干旱，导致豌豆植株生长衰弱，抗病性降低，有利于病害发生。短时间的田间积水也会显著提高根腐病的发生率和严重度。病原生长的最适温度为 25～30℃；病害发生的温度为 10～35℃，土壤温度为 10～30℃，根腐病的严重度随着温度的升高而加重，以 25～30℃发病最严重。叶部症状也随着温度的升高而加重。连作、土壤板结、贫瘠、地下害虫和线虫危害、除草剂危害、种子活力低等会加重根腐病的危害。

2. 防治方法

（1）种植抗病品种。我国已培育出一些抗性较好的品种，如定豌 1 号、定豌 2 号、定豌 3 号、定豌 4 号、定豌 5 号、草原 276 号、草原 1 号、草原 12 号、草原 23 号、宝峰东 8 号、陇豌 1 号、古豌 1 号、宁豌 3 号、中豌 5 号、中豌 6 号、须菜 3 号，麻豌豆、天山白豌豆等也高抗或耐根腐病，不同地区可根据品种的适应性，合理选择品种。

（2）农业防治。与非寄主作物轮作；适时播种，合理密植；施足经过充分腐熟的有机肥，增施磷肥、钾肥和石灰；高垄（畦）栽培，及时中耕，促进不定根的产生；收获后，及时清除田间病残体。

（3）化学防治。在苗期根腐病严重的地区，可以用 35％多克福种衣剂、6.25％亮盾种衣剂进行种子包衣，或用种子重量 0.4％的 50％福美双可湿性粉剂或 50％多菌灵可湿性粉剂加种子重量 0.3％的 25％甲霜灵可湿性粉剂拌种。发病初期，喷施或浇灌 30％噁霉灵水剂 1 000 倍液、70％甲基硫菌灵可湿性粉剂 500 倍液、75％百菌清可湿性粉剂 600 倍液、50％福美双可湿性粉剂 1 000 倍液、40％根腐灵可湿性粉剂 800 倍液，隔 7～10 天喷施

1次，连施2～3次。喷药时，注意细致喷洒根部、茎基部，用药液灌根，每株0.5升。

（五）豌豆枯萎病

1. 症状

豌豆枯萎病广泛发生在我国各豌豆种植区，是豌豆生产中对生产影响较大的病害之一。该病由尖镰孢豌豆专化型（*Fusarium oxysporum* f. sp. *pisi*）引起，为典型的土传病害。病原主要侵染植株的根和茎。早期发病症状表现为叶片和托叶下卷，叶和茎脆硬，基部茎节变厚；根系表面似乎正常，纵向剖开时，维管束组织变为黄色至橙色，变色部位向上延伸可达上胚轴和植株的茎基部。随着病情发展，叶片从茎基部到顶部逐渐变黄，当土温高于20℃时，病情发展迅速，植株地上部萎蔫和死亡，呈青枯状。

病原以厚垣孢子在土壤中越冬，在不种植豌豆时，厚垣孢子在土壤中可以存活10年以上。此外，病原能够在土壤中腐生和在非寄主或抗病植株的根上定殖。病原直接侵染根尖、子叶节或从伤根侵入，小型分生孢子通过木质部向上运动，堵塞维管束系统，阻碍水分和营养的运输，导致植株黄化和萎蔫。病害田间传播主要通过风雨、灌溉、农事操作等，远距离传播则通过病原污染或侵染的种子。品种感病、土温23～27℃、土壤贫瘠和黏重、连作地则发病重。

2. 防治方法

（1）种植抗病品种。选择合适的抗病品种种植。

（2）农业防治。适时早播，低温有利于豌豆形成壮苗，不利于病原生长；与禾谷类作物轮作4～5年；及时清除田间病残体，集中烧毁或充分腐熟；增施磷肥、钾肥和施用石灰，施用酵素菌沤制的堆肥或充分腐熟的有机肥，在花蕾时期，叶面喷施磷酸二氢钾以提高抗病力；早耕，必要时中耕，使土壤疏松，提高根系活力。

（3）化学防治。用 35％多克福种衣剂、6.25％亮盾种衣剂进行种子包衣，或用种子重量 0.4％的 50％福美双可湿性粉剂或 50％多菌灵可湿性粉剂加种子质量 0.3％的 25％甲霜灵可湿性粉剂拌种。零星发病时，用 50％多菌灵可湿性粉剂、70％甲基硫菌灵可湿性粉剂、75％百菌清可湿性粉剂 500 倍液、60％防霉宝可湿性粉剂 600 倍液、50％苯菌灵可湿性粉剂 1 000 倍液、70％敌磺钠可湿性粉剂 600～800 倍液等喷施植株茎基部或灌根，每株浇灌 250 毫升，隔 7～10 天防治 1 次，连续防治 2～3 次。

（六）豌豆病毒病

1. 症状

世界上已报道近 20 种病毒引起豌豆病毒病。我国已鉴定侵染豌豆的病毒有 6 种，包括豌豆种传花叶病毒（Pea seed-borne mosaic virus，PSbMV）、菜豆黄花叶病毒（Bean yellow mosaic virus，BYMV）、蚕豆萎蔫病毒（Broad bean wilt virus，BBWV）、菜豆卷叶病毒（Bean leaf roll virus，BLRV）、苜蓿花叶病毒（Alfalfa mosaic virus，AMV）、黄瓜花叶病毒（Cucumber mosaic virus，CMV）。其中，以豌豆种传花叶病毒、菜豆黄花叶病毒和黄瓜花叶病毒为种传。

PSbMV 引起豌豆种传花叶病毒病。主要症状包括叶片褪绿斑驳、明脉、花叶，叶片背卷，植株畸形或矮缩；若种子带毒引起幼苗发病，则症状较重，节间缩短、果荚变短或不结荚；病株所结籽粒的种皮常破裂或出现坏死条纹。

BYMV 引起豌豆黄花叶病毒病。染病植株叶片斑驳，脉间褪绿黄化，有时出现明脉。早期染病植株表现矮缩，顶芽丛生。

BBWV 引起豌豆萎蔫病毒病。染病植株表现为矮缩或萎蔫等。

BLRV 引起豌豆黄化卷叶病毒病。豌豆在幼苗期受侵染导致植株黄化，叶片下卷，植株矮缩甚至死亡。若侵染发生较晚，则主要表现为顶叶叶尖黄化。

AMV 引起豌豆条纹病毒病。染病植株叶片褪绿、黄化，在茎和叶片的维管束中，出现紫褐色坏死条纹，豆荚畸形、褪绿、变色或有褐色条纹。

CMV 引起豌豆花叶病毒病。染病植株叶片明脉、脉带和花叶，全株性褪绿黄化，生长点萎蔫，在叶片和茎上出现褐色条纹，豆荚扁平并且颜色变紫。

6 种病毒都具有广泛的寄主范围。蚜虫是病毒在田间传播的主要媒介，除 BLRV 以持久方式传播外，其他 5 种病毒都以非持久方式传播。病毒的田间初侵染源主要为其他越冬带毒寄主上的蚜虫，带毒种子也是 PSbMV、BYMV 和 CMV 田间病害发生的初侵染源。高温、干旱气候条件，有助于蚜虫种群的增长和蚜虫迁飞，有利于病害传播和流行。

2. 防治方法

（1）种植抗病品种。豌豆中存在对 PSbMV、BYMV、BLRV、AMV、CMV 具有抗性或耐病性的品种或资源。

（2）农业防治。对于种传病毒病，种植无病毒侵染的健康种子可以有效控制初侵染源；调整播期，避开蚜虫传毒高峰；苗期及时拔除病苗。

（3）化学防治。

①防治蚜虫。用种子重量 10％的吡虫啉可湿性粉剂拌种防治蚜虫。在蚜虫发生初期，喷施 10％吡虫啉可湿性粉剂 2 500 倍液、50％辟蚜雾可湿性粉剂 2 000 倍液、2.5％高效氟氯氰菊酯乳油 2 000 倍液。

②防治病毒病。病害发生前或发病初期，可在叶面喷施 2％或 8％宁南霉素水剂（菌克毒克）、6％低聚糖素水剂、0.5％菇类蛋白多糖水剂、20％盐酸吗啉胍·乙酸铜可湿性粉剂、3.85％病毒必克可湿性粉剂、40％克毒宝可湿性粉剂、20％吗胍·乙酸铜可湿性粉剂 500 倍液和 5％植病灵 1 000 倍液。

第二节　蚕豆和豌豆主要虫害及其防治

一、蚕豆的主要虫害及其防治

(一) 蚜虫

世界上危害蚕豆的蚜虫有许多种，在我国主要有豆蚜、桃蚜、蚕豆蚜、豌豆蚜等，分类上属同翅目蚜总科。在全国各地均有分布。蚜虫的成虫和若虫刺吸嫩叶、嫩茎、花及豆荚的汁液，使生长点枯萎，叶片卷曲、皱缩、发黄，嫩荚变黄，造成植株生长不良，直至枯萎死亡。蚜虫能以半持久或持久方式传播病毒，是蚕豆多种病毒最重要的传毒介体。

1. 豆蚜

(1) 形态特征。无翅胎生蚜，体长 2 毫米左右，体肥胖黑色、浓紫色或墨绿色，具光泽，中额瘤和额瘤稍隆；触角 6 节，第一节、第二节和第五节末端及第六节黑色，其余黄白色；腹管长圆形，末端黑色；尾片黑色，圆锥形，两侧各有长毛 3 根。有翅胎生蚜，体长 1.6～1.8 毫米，翅展 5～6 毫米；虫体黑绿色或黑褐色，有光泽；触角 6 节，第一节、第二节黑褐色，第三节至第六节黄白色，节间褐色，第三节有感觉圈 4～7 个，排列成行；腹管较长，末端黑色。

(2) 生物学特性。一年发生 20～30 代，完成一代需 4～17 天，冬季在蚕豆、豌豆上取食。每年以 5—6 月和 10—11 月发生较多，适宜豆蚜生长、发育和繁殖的温度为 8～35℃；最适宜环境温度为 24～26℃，相对湿度 60％～70％，此时，每头无翅胎生蚜可产若蚜 100 余头。在 12～18℃ 条件下若虫历期 10～14 天；在 22～26℃ 条件下，若虫历期仅 4～6 天。豆蚜对黄色有较强的趋性，对银灰色有避忌习性，且具有较强的迁飞和扩散能力。

(3) 防治方法。

①农业防治。保护地可采用高温闷棚法，在 5—6 月作物收

获以后，用塑料膜将棚室密闭 4～5 天，消灭其中的虫源。

②化学防治。喷施 10%吡虫啉可湿性粉剂 2 500 倍液、50%抗蚜威可湿性粉剂 2 000 倍液、2.5%高效氟氯氰菊酯乳油 2 000 倍液。

2. 桃蚜

(1) 形态特征。无翅孤雌蚜，体长约 2.6 毫米，宽 1.1 毫米；虫体有黄绿色、洋红色；腹管长筒形，是尾片的 2.37 倍；尾片黑褐色，尾片两侧各有 3 根长毛。有翅胎生雌蚜，体长 1.6～2.1 毫米；头胸部、腹管、尾片均黑色，腹部色泽变异较大，有淡绿色、黄绿色、红褐色至褐色；卵长椭圆形，初淡绿色后变黑色。

(2) 生物学特性。北方一年发生 20～30 代，生活周期类型属乔迁式；南方一年发生 30～40 代。在北方，桃蚜卵在桃、李、杏等越冬寄主的芽侧、枝干裂缝、小枝杈等处越冬；春季，卵孵化后群集于嫩芽危害；寄主叶片展开后迁移至叶背和嫩梢上危害、繁殖，陆续产生有翅胎生雌蚜并向苹果、杂草及各种田间作物寄主上迁飞扩散；5 月上旬为繁殖高峰期，田间危害最重，并产生有翅和有性蚜，交尾产卵越冬。

(3) 防治方法。

①生物防治。保护和利用天敌。

②农业防治。清除虫源植物，播种前和生产中要清除田间及周边的杂草；加强田间管理，创造湿润而不利于蚜虫滋生的田间小气候。

③物理防治。利用蚜虫的趋黄性，采用黄板诱蚜杀灭迁飞的有翅蚜。

④化学防治。要重视早期防治，用种子重量 0.4%的 10%吡虫啉可湿性粉剂处理种子，可以有效控制前期蚜虫的危害。在蚜虫发生初期，喷施 10%吡虫啉可湿性粉剂 2 500 倍液、50%抗蚜威可湿性粉剂 2 000 倍液、20%康福多浓乳油 4 000 倍液或

2.5%高效氟氯氰菊酯乳油 2 000 倍液。喷雾防治的用药间隔期为 7～10 天，连续用药 2～3 次。

（二）美洲斑潜蝇

美洲斑潜蝇（*Liriomyza sativae* Blanchard），属双翅目潜蝇科斑潜蝇属，是世界上发生最为严重和危险的多食性斑潜蝇之一。20 世纪 90 年代进入我国后，严重暴发，除青海、西藏、黑龙江外，其他各省份均有发生。

1. 形态特征

成虫体型较小，体长 1.3～2.3 毫米，头部黄色，眼后眶黑色，中胸背板黑色光亮，中胸侧板大部分黄色；体腹面黄色，雌虫体比雄虫大。足黄色；卵米色，大小为（0.2～0.3）毫米×（0.10～0.15）毫米，半透明；幼虫蛆状，初孵时半透明，后为鲜橙黄色，长 3 毫米；蛹椭圆形，橙黄色，腹面稍扁平，大小为（1.7～2.3）毫米×（0.50～0.75）毫米。

2. 生物学特性

世代周期随温度的变化而变化：15℃时，约 54 天；20℃时，约 16 天；30℃时，约 12 天。成虫具有趋光、趋绿特性，对黄色趋性更强。成虫吸取植株叶片汁液；卵产于植物叶片的叶肉中；初孵幼虫潜食叶肉，主要取食栅栏组织，并形成隧道，隧道端部略膨大；老龄幼虫咬破叶片爬出隧道外化蛹。主要随寄主植物的叶片、茎蔓传播。

寄主植物达 110 余种，其中茄科和豆科受害最重。幼虫和成虫危害叶片，幼虫取食叶片正面叶肉，形成先细后宽的蛇形弯曲或蛇形盘绕虫道；成虫在叶片正面取食和产卵，刺伤叶片细胞，形成针尖大小的近圆形刺伤"孔"。幼虫和成虫危害叶片可达10%～80%，幼虫和成虫通过取食还可传播病害，特别是传播某些病毒病。美洲斑潜蝇对农药产生抗性快。

3. 防治方法

（1）农业防治。考虑种植布局，栽培地远离瓜类、茄果类等蔬菜地。在虫害发生高峰时，摘除带虫叶片销毁。依据其趋黄习性，利用黄板或灭蝇纸诱杀成虫。

（2）生物防治。放寄生蜂防治，在不用药的情况下，寄生蜂天敌寄生率可达50%以上。

（3）化学防治。刚发现幼虫时（叶片可见1～2头），及时选用具有内吸、触杀作用的杀虫剂，如阿维菌素、甲氨基阿维菌素苯甲酸盐等（按所购药品的标准剂量施用）进行叶面喷雾，隔7～10天喷1次，连续喷3～5次。

（三）南美斑潜蝇

南美斑潜蝇（*Liriomyza huidobrenisis*），属双翅目潜蝇科，别名拉美斑潜蝇。主要分布于云南、贵州、四川、青海、山东、河北、北京等省份，其中，在云南蚕豆上危害严重。该虫成虫通过产卵器刺透叶片表皮，将卵产在叶片组织中。孵化后的幼虫在叶片上、下表皮之间潜食叶肉组织，嗜食中肋、叶脉，取食后在叶片上形成透明空斑。幼虫常沿叶脉取食而形成潜道，并可取食叶片下层的海绵组织。从叶表面观察，潜道常不完整，有别于美洲斑潜蝇的潜道特征。

1. 形态特征

南美斑潜蝇成虫翅长1.7～2.2毫米，中室较大；头内外顶鬃均着生在暗处；中胸背板黑色稍亮，后角具黄斑，中鬃散生呈不规则4行；足基节黄色具黑纹，腿节具黑色条纹直到几乎全黑色，胫节、跗节棕黑色。幼虫体白色，后气门突具6～9个气孔开口；蛹初期呈黄色，逐渐加深直至呈深褐色，比美洲斑潜蝇颜色深且体型大。

2. 生物学特性

南美斑潜蝇在云南滇中地区全年有两个发生高峰，即3—4月和10—11月。这两个时期均温11～16℃，最高温度不超过20℃，有利于南美斑潜蝇的发生。5月气温升至30℃以上时，虫口密度下降，6—8月雨季阶段虫量也较低，12月至翌年1月的月均温 7.5～8℃，最低温度为 1.4～2.6℃，该虫仍能活动危害；在北方地区，害虫主要发生在 6 月中下旬至 7 月中旬，占潜叶蝇总量的 60%～90%，是这一时期田间潜叶蝇的优势种。

3. 防治方法

（1）检疫措施。严格检疫，防止南美斑潜蝇向其他未发生地区蔓延。

（2）农业防治。清洁田园，恶化南美斑潜蝇的生存条件，初春可重点控制一代虫源。及时清除田间、地头杂草，可有效减少或消灭虫源，降低危害率。

（3）物理防治。由于南美斑潜蝇的成虫具有趋黄色习性，利用黄板诱杀能起到较好的防治作用。对于种植蚕豆、豌豆的大田，如果条件允许，可采取覆盖塑料薄膜或深翻土再覆盖塑料薄膜的方式，使地温超过 60℃，从而达到高温杀虫的目的。

（4）化学防治。在受害作物单叶片有幼虫 5 头时，掌握在幼虫 2 龄前，在 8:00—11:00 露水干后，喷施兼具内吸和触杀作用的杀虫剂，隔 7～10 天喷 1 次，连续喷 2～3 次。建议选用具有强触杀或内吸作用的阿维菌素、氟氯氰菊酯、高效氯氰菊酯、吡虫啉、灭蝇胺等，对南美斑潜蝇具有较强的持续杀灭作用，能起到很好的防治效果。

（四）豆秆黑潜蝇

豆秆黑潜蝇（*Melanagromyza sojae*），属双翅目潜蝇科。别名豆秆蝇，广泛分布于我国各地，在青海、甘肃、四川对蚕豆生产有影响。幼虫通过叶脉、叶柄进入蚕豆的主茎、根和侧枝的髓部取食危害。植株髓组织受害后导致上部叶片逐渐黄化，叶缘变褐并逐渐向下扩展，可导致叶片枯死脱落，甚至造成植株死亡。

1. 形态特征

豆秆黑潜蝇成虫体长约 2.5 毫米，黑色，具蓝绿光泽，复眼暗红色，中缘脊窄，线状，触角芒长为触角的 3 倍，上仅具绒毛。平衡棒黑色。中足胫节后鬃 1~3 根，胫端鬃缺。末龄幼虫体长 3~4 毫米，口咽器黑色，口沟端齿尖锐，下缘有一齿。前气门呈冠状突起。

2. 生物学特性

该虫在黄河流域一年发生 5 代、浙江 6 代、福建 7 代、广西 13 代。以蛹在寄主根茎或秸秆中越冬。黄河流域第一代幼虫盛发期在 7 月上旬，主要危害春播大豆和其他豆科植物。第一代成虫盛发期在 7 月下旬。成虫飞翔能力差，以 8:00—10:00 活动最盛。25~30℃ 为取食、交配和产卵的适温。卵多产在中上部叶背主脉基部附近的表皮下，每雌虫产卵 7~9 粒。

3. 防治方法

（1）农业防治。适时早播，增施基肥，轮作换茬，选用苗期早发品种。

（2）化学防治。应在成虫盛发期至幼虫蛀食之前进行。在主要危害世代的成虫发生初期，每天清晨 6:00—8:00 在蚕豆田捕捉成虫，在成虫达到防治指标时进行防治。可选用 75% 灭蝇胺可湿性粉剂 5 000 倍液、2.5% 高效氟氯氰菊酯乳油 3 000 倍液、10% 吡虫啉可湿性粉剂 15~20 克/亩、1.8% 阿维菌素乳油 3 000 倍液或 2.5% 氯氟氰菊酯乳油 4 000 倍液。

（五）夜蛾类害虫

危害蚕豆的夜蛾类害虫主要有甘蓝夜蛾（*Mamestra brassicae* Linnaeus）、甜菜夜蛾（*Spodoptera exigua* Hubner）和斜纹夜蛾（*Spodoptera litura* Fabricius），属于鳞翅目夜蛾科的不同种。

1. 甘蓝夜蛾

别名菜夜蛾，在我国各地均有分布。甘蓝夜蛾食性极杂，已知寄主达 45 科 100 余种。有间歇性、局部暴发的特点，以幼虫啃食叶片危害。

（1）形态特征。成虫体长 1.5~2.5 厘米，体、翅灰褐色，复眼黑紫色，前足胫节末端有巨爪。前翅中央位于前缘附近内侧有一灰黑色的环状纹，后翅灰白色，外缘一半黑褐色。卵半球形，上有放射状的 3 条纵棱；初产时黄白色，孵化前变紫黑色。幼虫体色因龄期不同而异，初孵化时，体色稍黑，全体有粗毛；到 4 龄体色灰黑，各体节线纹明显。蛹长 20 毫米左右，赤褐色，臀棘较长，深褐色，末端着生 2 根长刺，到末端膨大呈球状，似大头针。

（2）生物学特性。

①生活习性。甘蓝夜蛾昼伏夜出，对黑光灯、糖醋液有较强的趋向性。营养充足时产卵量高，产卵的适宜温度为 21.8～25.2℃，温度过高或过低时，产卵量下降，产卵喜好在叶冠茂密的环境下。一般平均气温 18～25℃，相对湿度 70%～80% 时，最适宜甘蓝夜蛾的生长发育。

②发生规律。甘蓝夜蛾以蛹于寄主作物田土中越冬，入土深度以 7～10 厘米处最多。一般气温在 15～16℃ 时越冬蛹羽化出土，交配产卵。幼虫发育最适温度为 20～24℃。4 龄以后，白天多隐藏在叶背或寄主根部附近的表土中，夜间出来取食，此时食量最大，龄期最长，危害最重。食物缺乏时，可成群迁移。

2. 甜菜夜蛾

甜菜夜蛾是一种世界性分布、间歇性大发生的杂食性害虫，以幼虫啃食叶片甚至剥食茎秆皮层危害。

（1）形态特征。幼虫体色变化很大，有绿色、暗绿色、黄褐色、黑褐色等，腹部体侧气门下线为明显的黄白色纵带，有时呈粉红色，带的末端直达腹部末端。成虫体灰褐色。前翅中央近前缘外方有肾形斑 1 个，内方有圆形斑 1 个。后翅银白色。卵圆馒头形，白色，表面有放射状的隆起线。蛹长 10 毫米左右，黄褐色。

（2）生物学特性。一年发生 6～8 代，高温、干旱年份更多，常与斜纹夜蛾混发。大龄幼虫有假死性，白天潜于植株下部或土缝，傍晚爬出取食危害，老熟幼虫入土吐丝化蛹。可成群迁移。成虫昼伏夜出，有强趋光性。

3. 斜纹夜蛾

别名莲纹夜蛾、莲纹夜盗蛾，是一种暴食性和杂食性害虫。世界性分布，我国除青海、新疆未查明外，其他各省份都有发生。该虫主要以幼虫危害全株，初孵幼虫群集取食，3 龄前仅取食叶片的下表皮和叶肉，残留上表皮和叶脉，使被害叶片呈现网状，3 龄后分散危害叶片、嫩茎，老龄幼虫可蛀食果实。严重时可将全田作物吃光。

（1）形态特征。斜纹夜蛾成虫体长 14～20 毫米，翅展 35～40 毫米；头、胸、腹部均深褐色，胸部背面有白色丛毛，腹部前数节背面中央具暗褐色丛毛；前翅灰褐色，内横线及外横线灰白色、波浪形，中间有白色条纹，在环状纹与肾状纹间，自前缘向后缘外方有 3 条白色斜线，故名斜纹夜蛾；后翅白色，无斑纹；卵初产黄白色，后转淡绿色，孵化前紫黑色。老熟幼虫体长 35～47 毫米，头部黑褐色，腹部体色因寄主和虫口密度不同而异，有土黄色、青黄色、灰褐色或暗绿色；蛹长 15～20 毫米，赭红色，臀棘短，有一对强大而弯曲的刺，刺的基部分开。幼虫共 6 龄，幼虫取食植物的叶片，初孵幼虫取食后形成透明的网状叶，易于识别；3 龄后分散危害叶片、嫩茎，老龄幼虫可蛀食果实；4 龄后进入暴食期，间歇性暴发危害。白天多潜伏在土缝处，傍晚爬出取食，幼虫可成群迁移至附近田块危害，又称"行军虫"，是一种危害性很大的害虫。老熟幼虫在 1～3 厘米表土内筑土室化蛹。

（2）生物学特性。一年发生 4～9 代。以蛹在土中或以老熟幼虫在枯叶、杂草中越冬。不耐低温，长江以北地区大多不能越冬。发育最适温度为 28～30℃，一般高温年份和季节有利于其发育、繁殖，低温则易导致虫蛹大量死亡。幼虫遇惊会蜷缩作假死状。成虫有强烈的趋光性和趋化性，黑光灯的诱蛾效果明显优于普通灯。成虫对糖醋酒液等有趋性。卵多产于高大、茂密、浓绿的边际作物上，以植株中部叶片背面叶脉分叉处最多。

4. 防治方法

（1）农业防治。

①清洁田园。收获后，翻耕晒土或灌水，清除杂草，以破坏或恶化夜蛾类害虫的化蛹场所。

②减少虫源。摘除卵块和群集危害的初孵幼虫，以减少虫源。

（2）物理防治。

①点灯诱蛾。于盛发期点黑光灯诱杀害虫。

②糖醋酒液诱杀。利用成虫趋化性配制糖醋酒液（糖：醋：酒：水＝3：4：1：2）加少量杀虫剂诱杀夜蛾类害虫。

（3）化学防治。挑治或全面治交替喷施，可选用50％高效氯氰菊酯乳油1 000倍液加50％辛硫磷乳油1 000倍液，或21％氰戊·马拉硫磷（增效）乳油6 000～8 000倍液，或20％虫酰肼悬浮剂1 000～1 500倍液，喷药应在傍晚进行，隔7～10天喷1次，连续喷2～3次。

（六）花蓟马

花蓟马（*Frankliniella intonsa* Trybom），属于缨翅目蓟马总科。别名台湾花蓟马，基本全国均有分布。寄主包括棉花、甘蔗、稻、豆类以及多种蔬菜。成虫、若虫喜群集在花内取食危害，花器、花瓣受害后白化，经日晒后变为黑褐色，受害严重的花朵萎蔫。叶片受害后呈现褪绿或黄色的不规则小斑点、银白色条斑，叶片皱缩不平展，严重的枯焦萎缩；蚕豆荚受害后产生许多大小不一的疱凸，凸起物表皮开裂后呈黑色。

1. 形态特征

花蓟马雌虫体长1.3～1.4毫米；体棕色，头、胸部色略淡，触角第三节至第五节基部橙黄色，其余各节均为棕色；头短于前胸；单眼间鬃粗长，着生于前、后单眼中心连线上；触角8节，第三节、第四节具叉状感觉锥；前胸前缘角鬃长于前缘长鬃，后缘角具2对长鬃，后缘鬃4对；中胸盾片满布横线纹，后胸盾片前缘具4根长鬃。雄虫较雌虫小，黄色。腹板第三节至第七节有近似哑铃形的腺域。

2. 生物学特性

该虫在南方地区一年发生11～14代，在华北和西北地区一年发生6～8代。在20℃恒温条件下，完成一代仅需20～25天。以成虫在枯枝落叶层、土壤表皮层中越冬。翌年4月中下旬出现第一代。10月中旬成虫数量明显减少。10月下旬至11月上旬进入越冬代。花蓟马世代重叠严重。成虫羽化后2～3天开始交配产卵，全天均进行。卵单产于花组织表皮下。在云南，2—3月是花蓟马危害蚕豆的主要时期；而在北方，6—7月是其危害蚕豆的高峰期。

3. 防治方法

幼苗出土前喷洒杀虫剂，进行一次预防性防治，可压低虫口基数，减少迁移。

开花初期观察，在花蓟马危害高峰期，即每株15头左右时施药。选用10%吡虫啉可湿性粉剂2 000倍液、10%虫螨腈乳油2 000倍液、1.8%阿维菌素乳油4 000倍液。此外，可选用10%吡虫啉可湿性粉剂每亩2克兑水60千克喷雾。

（七）大青叶蝉

大青叶蝉（*Cicadella viridis*），属同翅目叶蝉科。别名青大叶蝉、大浮尘子、菜蚱蜢。广泛分布于全国各地。该虫以成虫和若虫危害蚕豆叶片，刺吸汁液，造成叶片畸形、卷缩，甚至全叶枯死。此外，还可传播病毒病。

1. 形态特征

大青叶蝉成虫体长7～10毫米，体色为青绿色，头橙黄色；前胸背板深绿色，前缘黄绿色，前翅蓝绿色，后翅及腹背黑褐色；

足 3 对，善跳跃；卵为长卵形，一端略尖，中部稍凹，常以 10 粒左右排在一起；若虫初期为黄白色，头大腹小，胸、腹背面看不见条纹，3 龄后为黄绿色，并出现翅芽；老龄若虫体长 6～7 毫米。

2. 生物学特性

一年发生多代，江西 13 代，北京 3 代。以卵越冬。翌年春季孵化后，若虫在杂草及其他作物上群集危害。成虫喜在蚕豆叶片背面危害，刺吸汁液。成虫具有趋光性，中午活动频繁。危害期一般为 25～35 天，每头成虫可产卵 30～70 粒，越冬卵期一般为 160 天。

3. 防治方法

（1）生物防治。饲养或保护天敌，如人工饲养和释放赤眼蜂、叶蝉柄翅小蜂等寄生蜂。

（2）物理防治。在重发区，可在发生期利用成虫的趋光性进行黑光灯诱杀。

（3）化学防治。在成虫发生高峰期喷施，可选择的药剂包括 50%异丙威可湿性粉剂 1 000 倍液或 10%吡虫啉可湿性粉剂 2 500 倍液等。

（八）绿芫菁

绿芫菁（*Lytta caraganae*），属鞘翅目芫菁科。别名金绿芫菁、青虫、相思虫、青娘子。主要分布于黑龙江、吉林、辽宁、内蒙古、宁夏、甘肃、河北、北京、山西、山东、河南、江苏、安徽、浙江、湖北、江西等地。其中，在河北北部严重危害蚕豆。该虫以成虫取食植物叶片，严重时可将叶片吃光。

1. 形态特征

绿芫菁成虫体长 11.5～17.0 毫米；体金属绿色或蓝绿色，鞘翅有铜红色光泽；头部额中间有一橙红色小斑；触角约为体长的 1/3，第五节至第十节念珠状；前胸背板光滑，两前侧角向外上方隆起，鞘翅上有细小刻点和细皱纹。雄虫前、中足第一跗节基部细，腹面凹入，端部膨大，呈马蹄形；中足腿节基部腹面有

1根尖齿。雌虫前足及中足无上述特征。

2. 生物学特性

一年发生1代，以幼虫在土中越冬。翌年化蛹，5—8月出现成虫，有假死性和群集性，卵产于土中，幼虫生活于土中，以蝗虫卵等为食。

3. 防治方法

（1）农业防治。根据绿芫菁越冬习性，秋收后深翻蚕豆田，利用冬季低温杀灭部分幼虫；根据成虫群集危害习性，可在清晨用网捕捉成虫，集中杀灭。

（2）药剂防治。喷施2.5%溴氰菊酯乳油8 000～10 000倍液、50%辛硫磷乳油1 500～2 000倍液、20%氰戊菊酯乳油2 000倍液或2.5%氯氟氰菊酯乳油4 000倍液杀灭成虫。

（九）中华弧丽金龟

中华弧丽金龟（*Popillia quadriguttata*），属鞘翅目丽金龟科。别名四纹丽金龟、四斑丽金龟。分布于黑龙江、吉林、辽宁、内蒙古、宁夏、甘肃、陕西、河北、河南、山东、山西、江苏、安徽、浙江、云南、贵州、湖北、广东、广西、台湾等省份。以成虫群集取食叶片，造成不规则缺刻或孔洞，严重的仅残留叶脉，有时食害花或果实；幼虫危害地下组织，将根或靠近地面的茎咬断。

1. 形态特征

中华弧丽金龟为小型甲虫，椭圆形。成虫体长7.5～12.0毫米，宽4.5～6.5毫米。体色一般为深铜绿色，有光泽。鞘翅浅褐色或草黄色，四周常呈深褐色，足与体色相同或黑褐色。臀板基部具白色毛斑2个，腹部第一节至第五节腹板两侧各具白色毛斑1个，由密细毛组成。触角9节，鳃叶状，棒状部由3节构成，雄虫大于雌虫。小盾片三角形，前方呈弧状凹陷。足短粗；前足胫节外缘具2齿，端齿大而钝，内方距位于第二齿基部对面的下方。幼虫头赤褐色，体乳白色。头部前顶刚毛每侧5～6根成一纵列；后顶刚毛每侧 6 根，其中 5 根成一斜列。

2. 生物学特性

一年发生 1 代，多以 3 龄幼虫在 30～80 厘米土层内越冬。春季上移至表土层危害植株根系；6 月老熟幼虫开始化蛹，蛹期 8～20 天；成虫在 6 月中下旬至 8 月下旬羽化，成虫白天活动，7 月是中华弧丽金龟危害盛期；成虫飞行力强，具假死性，晚间入土潜伏，无趋光性；成虫出土 2 天后取食，危害一段时间后交尾产卵，卵散产在 2～5 厘米土层里，每雌虫可产卵 20～65 粒；7 月中旬至 8 月上旬为产卵盛期，卵期 8～18 天。幼虫危害至秋末达 3 龄时，钻入深土层越冬。

3. 防治方法

（1）农业防治。在深秋或初冬翻耕土地，可杀灭 15％～30％越冬幼虫；与其他作物轮作；避免施用未腐熟的厩肥；合理施肥，碳酸氢铵、腐殖酸铵、氨水等散发出的氨气对地下幼虫有一定的驱避作用；合理灌溉，创造不适于幼虫蛴螬生活的环境。

（2）化学防治。成虫数量较多时，喷施 50％辛硫磷乳油 1 500 倍液、25％爱卡士乳油 1 500 倍液、10％吡虫啉可湿性粉剂 1 500 倍液，杀灭成虫。对于幼虫防治，采用 50％辛硫磷乳油每亩 200～250 克，加水稀释 10 倍喷于 25～30 千克细土上拌匀制成毒土，顺垄条施，随即浅锄，或将该毒土撒于种沟、地面，随即耕翻或混入厩肥中施用；用 2％甲基异柳磷粉剂每亩 2～3 千克拌细土 25～30 千克制成毒土；5％辛硫磷颗粒剂或 5％地亚农颗粒剂，每亩 2.5～3 千克处理土壤。

（十）地老虎

地老虎属鳞翅目夜蛾科。包括小地老虎、大地老虎和黄地老虎等，是危害最重的地下害虫之一。其中，危害蚕豆的主要是小地老虎，以幼虫将幼苗近地面的茎部咬断，使整株死亡，造成缺苗断垄。成虫从虫源地区交错向北迁飞危害。成虫产卵多在土表、植物幼嫩茎叶上和枯草根际处，散产或堆产。高温和低温均不适于地老虎生存、繁殖。成虫盛发期遇适量降水或灌水常大发生。

1. 形态特征

成虫体长 16～23 毫米，翅展 42～54 毫米；前翅深褐色，由内横线、外横线将全翅分为 3 段，具有显著的肾状斑、环形纹、棒状纹和 2 个黑色剑状纹，后翅灰色无斑纹；卵半球形，表面具纵横隆纹，初产乳白色，后出现红色斑纹，孵化前灰黑色；幼虫体长 37～47 毫米，灰黑色，体表布满大小不等的颗粒，臀板黄褐色，具 2 条深褐色纵带。

2. 生物学特性

一年发生代数由北至南不等，黑龙江 2 代，北京 3～4 代，江苏 5 代。成虫夜间活动、交配产卵，卵产在 5 厘米以下矮小杂草上，尤其喜在贴近地面的叶背或嫩茎上产卵。成虫对黑光灯及糖醋酒液等趋性较强。幼虫共 6 龄，3 龄前在地面、杂草或寄主幼嫩部位取食；3 龄后昼伏在表土中，夜间外出危害，能自相残杀。老熟幼虫有假死习性，受惊缩成环形。

3. 防治方法

（1）农业防治。春季清除田间地边杂草，消灭卵和幼虫；采用糖醋酒液诱杀，可用红糖或代用品 60 份、酒 10 份、水 100 份，加 90％以上敌百虫原药 1 份，按比例配成，每 3～5 亩放置 1 盆进行毒杀。

（2）物理防治。黑光灯诱杀成虫。

（3）化学防治。小地老虎 1～3 龄幼虫期抗药性差，可喷施 20％氰戊菊酯乳油 3 000 倍液、10％溴氰·马拉硫磷乳油 2 000 倍液、90％敌百虫原药 800 倍液进行防治。

（十一）豆象

豆象是鞘翅目叶甲总科豆象科昆虫的通称。约 1 000 种，分布于世界各地。我国有 40 多种。该科昆虫主要危害豆科植物的种子。大多数种类在野外，部分在仓库内生活。在气温较高的地区和仓库内，能全年繁殖，危害蚕豆的豆象主要是蚕豆象、绿豆象、四纹豆象和菜豆象。

1. 蚕豆象

蚕豆象（*Bruchus rufimanus* Boheman）属鞘翅目豆象科。除西藏、黑龙江、吉林、辽宁、新疆、青海等省份外，广泛分布于我国蚕豆产区，该虫以幼虫在蚕豆种子内食害子叶部分。被害新鲜豆粒种皮外部显现小黑点，为幼虫蛀入点。收获后，幼虫在豆内食害，最终形成空洞，表皮变黑色或赤褐色，食用时有苦味，影响蚕豆产量、品质和发芽率。

（1）形态特征。成虫体长 4～5 毫米，体宽略超过体长的 1/2，椭圆形，黑色；触角基部 4 节；上唇与前足浅褐色；头部点刻密；着生黄褐色与淡黄色毛。前胸背板宽，后缘中叶有 1 个三角形白色毛斑，前端中间与两侧各有 1 个白色毛斑，两侧中间有 1 个向外的钝齿；小盾片近方形，后缘凹。鞘翅具小刻点，被褐色或灰白色毛，各有 10 条纵纹，近翅缝向外缘有灰白色毛点形成的横带，左右鞘翅的白斑组成 M 形斑纹。臀板中间两侧有 2 个不明显的斑点。腹部腹板两侧各有 1 个灰白色毛斑。后足腿节近端部外缘有 1 个短而钝的齿。卵长 0.4 毫米，椭圆形，一端略尖，乳白色半透明。幼虫体长约 6 毫米，乳白色，有红褐色背线。蛹长约 5 毫米，椭圆形，淡黄色，前胸两侧各具一个不明显的齿状突起。

（2）生物学特性。在我国一年发生 1 代，以成虫在豆粒内、仓库荫蔽处越冬，也有少数在田间遗株或土下越冬的。翌年南方在 3—4 月、北方在 5—6 月蚕豆开花前后，成虫飞往田间交尾产卵，盛期多在蚕豆初荚期，卵散产在嫩青荚上，每头雌成虫产卵 35～40 粒，每荚产 2～6 粒，以豆株 25 厘米以上较大而嫩的豆荚上着卵最多。卵期 7～12 天。幼虫孵化后即蛀入豆荚，幼虫期平均 110 天，5 月下旬至 7 月上旬是盛发期。7 月中旬幼虫开始老熟，在豆粒内化蛹，8月为化蛹盛期，蛹期平均14天左右。8月上旬至9月下旬羽化，成虫寿命长达230天左右。

2. 绿豆象

绿豆象（*Callosobruchus chinensis*），属鞘翅目豆象科。别名中国豆象、小豆象、豆牛。广泛分布于全国各地，在西南地区的云南、四川严重危害蚕豆。该虫以幼虫蛀荚，食害豆粒，或在仓库内蛀食储藏的豆粒，虫蛀率为20%～30%，甚至达80%～100%。

（1）形态特征。成虫体形为长椭圆形，长3～4毫米，宽1.5～2.0毫米。体色不一，有淡色型和暗色型之分，但数目较多的是背面颜色大部分为褐色的淡色型绿豆象。复眼大，突出。触角11节，雄虫的触角为梳状，雌虫的触角为锯齿状，容易识别。前胸背板的前缘较后缘窄许多，略呈三角形，后缘中叶有1对被白色毛的瘤状突起，中部两侧各有一个灰白色毛斑。小盾片被灰白色毛。臀板被灰白色毛，近中部与端部两侧有4个褐色斑。后足腿节端部内缘有1个长而直的齿，外端有1个端齿。腹部第二腹板至第五腹板两侧有浓密的白色毛带。卵长约0.6毫米，宽约0.3毫米，椭圆形，稍扁平；淡黄色，半透明，略有光泽。幼虫长约3.6毫米，肥大弯曲，乳白色，多横皱纹。老熟幼虫长约3毫米，乳白色，肥胖，两端弯向腹面而呈弓状。蛹长3.4～3.6毫米，椭圆形，黄色，头部向下弯曲，足和翅痕明显。

（2）生物学特性。在我国，绿豆象从北至南可发生4～12代，成虫与幼虫均可越冬。在北京室内自然温度下，绿豆象每年可发生7代。世代重叠较重，越冬代幼虫于翌年4月下旬开始羽化直到5月下旬结束；其后第一代至第六代成虫发生期分别在5月上旬至5月下旬、6月中旬至7月中旬、7月下旬至8月下旬、8月下旬至9月下旬、9月上旬至10月上旬、10月上旬至11月上旬；第七代幼虫在10月中下旬开始孵化，并以此代幼虫在豆粒内危害，到 11 月中旬开始逐渐越冬。绿豆象各代在北京室内以 7 月下旬至 9 月下旬的第三代至第五代发生量最大，危害也最重。成虫可在仓库内豆粒上或田间豆荚上产卵，每雌虫可产卵 70～80 粒。成虫善飞翔，并有假死习性。幼虫孵化后即蛀入豆荚豆粒。

3. 菜豆象

菜豆象（*Acanthoscelides obtectus* Say），属鞘翅目豆象科三齿豆象属，是我国对外检疫的一种危险性害虫，主要借助被侵染的豆粒通过贸易、引种和运输工具等进行传播，卵、幼虫、蛹和成虫均可被携带。菜豆象是多种菜豆和其他豆类的重要害虫，幼虫在豆粒内蛀食，对储藏的食用豆类造成严重危害。

（1）形态特征。成虫体长 2.0～4.5 毫米，近长椭圆形。头、胸部黑色，被灰黄色绒毛。触角锯齿状，第一节至第四节和末节橘红色，其余褐色至黑色。鞘翅黑色，端缘红褐色，被灰黄色或金黄色毛，其亚基部、中部及端部散生呈方形和无毛的黑斑。后足腿节内侧近端部有一长齿及两较小的齿。雄虫外生殖器阳基侧突基 1/5 愈合，内阳茎骨化刺由端部至基部方向逐渐增大变稀。雌虫第八背板呈狭梯形，基缘深凹，端部疏生少量刚毛，从背板基部两侧角向端缘方向有 2 条近平行的骨化条纹，第八腹板呈 Y 形。卵淡白色，长椭圆形，0.55～0.80 毫米。1 龄幼虫长 0.52～0.80 毫米，单眼 1 对，位于上颚和触角之间，触角 1 节；前胸背板 H 形或 X 形。老熟幼虫长 4.0～4.5 毫米，肥胖，C 形。上唇前缘有 8 根刚毛及短而细的刺突，下唇亚颏有一黄褐色窄骨化板。蛹长 3.2～5.0 毫米，椭圆形，淡黄色。田间菜豆象大部分可从产卵发育到老熟幼虫或蛹，少部分可以羽化出成虫，然后随豆粒收获进入室内仓储进行繁殖。

（2）生物学特性。菜豆象发生世代受温度、湿度影响，如法国南部一年 4 代，意大利一年 4～6 代。以老熟幼虫或蛹在仓库内越冬，不能在田间越冬。豆荚内的卵经过 15～20 天开始孵化，刚孵化的幼虫胸足发达，四处爬行以寻找蛀入处。菜豆象的卵与多数其他仓储豆象不同之处在于不黏附在种皮上，而且形状为近短圆筒状而非扁平状。

4. 四纹豆象

四纹豆象（*Callosobruchus maculatus*），属鞘翅目豆象科。

（1）形态特征。成虫体长 2.5～4.0 毫米。触角 11 节，由第四节向后呈锯齿状。前胸背板亚圆锥形。小盾片方形。鞘翅长稍大于两翅的总宽，肩胛明显。臀板倾斜，侧缘弧形。卵椭圆形扁平，长约 0.6 毫米。老熟幼虫体长 3.0～4.6 毫米。身体弯曲呈 C 形，淡黄白色。蛹椭圆形，乳白色或淡黄色，体被细毛。

（2）生物学特性。可在田间和仓库内危害（温带区主要在仓库内）。成虫或幼虫在豆粒内越冬，翌年春化蛹。新羽化的成虫和越冬成虫飞到田间产卵或继续在仓库内产卵繁殖，产卵期 5～20 天。幼虫 4 龄。成虫寿命一般不超过 12 天，生活周期为 36 天。个体变异很大，每一性别的成虫存在着两个型，即飞翔型和非飞翔型。除青海外，所有的蚕豆产区均有四纹豆象危害，主要通过被害种子的调运进行远距离传播。通过成虫飞翔可近距离传播，一般虫蛀率在 20%～30%，有的甚至在 80% 以上，经济损失严重。

5. 防治方法

（1）严格检疫。菜豆象和四纹豆象是我国对外检疫对象，蚕豆象和豌豆象是国内部分省份的检疫对象。应严格检疫，尤其对来自疫区的豆类种子，须经检疫及处理合格后才可调运。

（2）农业防治。

①清洁田园。及早收获并清理田间杂草和豆秆，可放牧、焚烧、深翻或使用除草剂彻底清除田间杂草，缩小豆象寄主范围。

②清洁仓库。冬季清扫仓库，尤其要对仓库缝隙、角落以及

仓库外的草垛、垃圾等卫生死角进行清理，彻底通风降温，冻死隐匿在仓库的成虫，同时进行熏蒸。

（3）物理防治。

①晴天摊晒。一般摊晒厚度 3～5 厘米，每隔半小时翻动一次，温度升到 50℃，保持 4～6 小时，粮食温度越高，杀虫效果越好。也可以用塑料袋密封包装后，放置于太阳下暴晒，其温度更容易达到杀虫所需的高温。

②低温冷冻。气温达到－10℃以下时（北方的冬天），将储粮摊开，一般 7～10 厘米厚，经 12 小时冷冻后，即可杀死储粮内的害虫；或用塑料袋密封包装后放置于冷冻库中处理（注意保持种子/籽粒的含水量低于 17％）。

③拌糠除虫。将蚕豆进行暴晒，使种子内的水分降到 12％以下。先在底层铺上 3～5 厘米厚的稻壳，然后放 10～15 厘米厚的蚕豆，再铺 3～5 厘米厚的稻壳，再放一层蚕豆。如此一层稻壳、一层蚕豆，到最上层，用 20～30 厘米厚的稻壳完全密闭保存。

（4）生物防治。利用 1％的苏云金杆菌乳剂拌蚕豆，可降低绿豆象虫口密度 98％，持效期长达一年。寄生蜂也能防治豆象，当释放 40～50 对金小蜂时，可达到抑制绿豆象种群 98％的效果。

（5）化学防治。

①田间防治。豆象防治要掌握在其产卵之前（即始花期）、成虫产卵盛期（常与蚕豆结荚盛期相吻合）及幼虫孵化盛期施药，以防治产卵的成虫和初孵幼虫。药剂可选用 4.5％高效氯氰菊酯乳油 1 000～1 500 倍液，90％敌百虫晶体 1 000 倍液，90％灭多威可湿性粉剂 3 000 倍液等，并尽量使每个豆荚均匀着药以提高防治效果。防治时间以晴天 10:00 和 15:00 前后最佳。当豆荚开始成熟时第一次用药，1 周后再喷第二次。此外，因豆象成虫具有较强的迁飞能力，在蚕豆种植区各家各户要进行联防联

治，才能彻底防除。

②磷化铝。磷化铝是一种高毒杀虫剂。杀虫效果好，使用方便。气温 20～30℃时，每立方米使用磷化铝 9 克，时间 48 小时。仓库内温度 12～15℃时，密闭 5 天；16～24℃时，密闭 4 天；20℃以上时，密闭 3 天，杀虫效果均达到 100%，且不影响种子发芽。注意必须严格按操作要求使用，避免人畜中毒。将蚕豆晒干至储藏籽粒含水量标准（一般在 12%左右）。储粮容器在处理前，除留一施药口外，其余都必须做好密封。施药时选择晴天，按每 200～300 千克粮使用 1 片磷化铝的用量（3.3 克/片）。打开磷化铝瓶盖，取药，盖好瓶盖，迅速用布片将药分片包好（小布片或厚纸片均可），立即将药包埋在粮堆或粮袋中间，药包多时应均匀分点埋入，投药后立即做好容器或仓库的密封。

③磷化氢。当豆粒携带菜豆象时，可采用磷化氢熏蒸防除。当气温在 15℃以上时，保持熏蒸场所内磷化氢的平均浓度不低于 1 毫升/升，处理 72 小时能 100%杀死各虫态。

④甲烷等。用甲烷 35 克/米^3 熏蒸 48 小时，用二硫化碳 200～300 克/米^3、氯化苦 25～30 克/米^3 或氢氰酸 30～50 克/米^3 处理 24～48 小时，可杀灭各虫态。

二、豌豆的主要虫害及其防治

（一）蚜虫

1. 危害症状

蚜虫危害豌豆时，成蚜、若蚜群聚在豌豆的嫩茎、幼芽、顶端心叶和嫩叶叶背、花器及嫩荚等处吸食汁液。豌豆受害后，叶片卷缩，植株矮小，影响开花结实。一般减产 20%左右。

2. 发生规律

蚜虫一年可发生 20 多代，主要以无翅胎生雌蚜和若蚜在杂草上越冬。蚜虫在温度高于 25℃、相对湿度为 60%～80%时发生严重。

3. 防治方法

（1）药剂拌种。用敌百虫粉或乐果粉加细沙土，早晨或傍晚撒在豌豆植株基部。

（2）药剂防治。在无风的早晨或傍晚用下列药物喷洒：①50％杀螟松乳剂 1 000 倍液；②2.5％敌百虫粉 0.5 千克，兑细干土 15 千克，撒施到豌豆墩基部；③2％杀螟硫磷粉剂、25％亚胺硫磷乳油等；④40％乐果乳剂 1 000～1 500 倍液、50％马拉硫磷乳油 1 000 倍液、25％亚胺硫磷乳油 1 000 倍液或氧化乐果乳剂 2 000 倍液等。

（二）豌豆象

1. 危害症状

豌豆象（*Bruchus pisorum* Linnaeus）主要危害豌豆、菜豆、扁豆，是一种世界性分布的仓储害虫，我国除西北地区等少数省份外，其他各地均有发生。豌豆象危害猖獗，使仓储豌豆的安全性和商品性明显降低，经济损失惨重。主要以幼虫潜伏在豆粒内部蛀食种子危害，危害率可高达 80％以上，凡被其侵害过的豌豆，基本十粒九空，不能食用。

2. 发生规律

一年 1 代，成虫可越冬。卵一般散产于豌豆荚两侧，多产于植株中部的豆荚上，雌虫可产卵 700～1 000 粒，冬播产区产卵盛期一般在 5 月初，卵期 7～9 天，幼虫期约 35 天。成虫寿命可达 330 天左右，成虫迁飞能力强。

3. 防治方法

（1）田间防治。注意群防群治。药剂可选用 4.5％高效氯氰菊酯乳油 1 000～1 500 倍液、0.6％阿维菌素乳油 1 000～1 500 倍液、90％敌百虫晶体 1 000 倍液或 90％灭多威可湿性粉剂 3 000 倍液等，在豌豆初花期进行防治。

（2）化学防治。主要推荐使用磷化铝熏蒸法，每 50 千克原料使用 1～2 片磷化铝片或者使用 5～10 粒磷化铝丸剂（颗粒）。

原料装入薄膜袋，必要时使用双层袋，用纱布或卫生纸包好磷化铝片剂或丸剂，放置在袋子的中央部位立即密封薄膜袋。大批量熏蒸时，使用密闭性好的熏蒸室，1 吨原料使用 3～8 片磷化铝片，或者 15～40 粒丸剂。熏蒸时间视温度而定，10～16℃不少于 7 天；16～25℃不少于 4 天；25℃以上不少于 3 天。熏蒸完毕后，采用自然或机械通风，充分散气 2 天以上，排净毒气。

注意事项：作业时，应佩戴防毒面具，穿工作服，戴手套；若吸入，迅速离开现场至空气新鲜处，保持呼吸道畅通。熏蒸结束，应将灰白色残渣立即运到远离水源 50 米以外僻静的地方，挖坑至少 0.7 米以上深埋。

（3）物理防治。主要推荐低温防治法，即冷冻法，将原料置于冰箱冷冻室或冰柜 12 小时左右，取出晾干后，放入已进行清洁预防处理的仓库。如果量大，可以考虑-5～0℃商业冷库，放置 30 天即可完全防控豆象；-10℃商业冷库，放置 10 天以上即可完全防控豆象。

（三）豌豆潜叶蝇

1. 危害症状

豌豆潜叶蝇又名油菜潜叶蝇、豌豆彩潜蝇、刮叶虫、叶蛆、夹叶虫，俗称串皮虫，属双翅目潜蝇科。豌豆潜叶蝇为世界性害虫，在我国除西藏尚无记载外，其余各省份均有分布。此虫是湖北豌豆生产的主要害虫，严重影响豌豆的产量和质量。以幼虫潜入豌豆叶片表皮下，曲折穿行，取食叶肉，造成不规则灰白色线状隧道。危害严重时，叶片上布满蛀道，尤以植株基部叶片受害最重。一片叶片常寄生有几头到几十头幼虫，叶肉全被吃光，仅剩两层表皮，受害植株提早落叶，影响结荚，甚至枯萎死亡。

2. 发生规律

一年发生的代数因地而异，如湖北可发生 10～13 代。湖北以蛹越冬为主，也有少数以幼虫或成虫越冬。豌豆潜叶蝇在长江

流域大面积种植豌豆的产区，越冬代成虫 3 月盛发，第二代成虫
4 月间发生，此后世代重叠严重。春季危害最为严重。成虫活
跃，白天活动，吸食花蜜且对甜汁有趋性。夜间静伏于枝叶等隐
蔽处，但在气温为 15～20℃的晴天夜晚或微雨之后，仍可爬行
或飞翔。卵产于叶背边缘叶肉内，以嫩叶上较多，产卵处叶面呈
现灰白色小斑点。卵散产，每处 1 粒，每雌虫可产卵 50～100
粒。幼虫孵出后，即由叶缘向内取食，穿过柔膜组织，到达栅栏
组织取食叶肉，留下表皮形成灰白色弯曲隧道，幼虫长大，隧道
盘旋伸展，逐渐加宽。老熟幼虫在隧道末端化蛹，化蛹前将隧道
末端表皮咬破，使蛹的前气门与外界相通，便于成虫羽化飞出。
成虫寿命 7～20 天，气温高时 7～10 天。在日平均温度为 15.6～
22.7℃时，卵历期为 5～6 天，幼虫历期为 5～7 天，蛹历期为
8～12 天。

3. 防治方法

（1）农业防治。早春及时清除田间、田边杂草和栽培作物
的老叶、脚叶，减少虫源；蔬菜收获后，及时处理残株叶片，
烧毁或沤肥，消除越冬虫蛹，减少下一代发生数量，压低越冬
基数。

（2）物理防治。利用成虫喜甜食的习性，在越冬蛹羽化为成
虫的盛期，点喷诱杀剂。诱杀剂配方：以 3%红糖液或甘薯、胡
萝卜煮液为诱饵，以 0.05%敌百虫为毒剂。在成虫暴发的盛期，
可用粘虫板诱杀成虫。

（3）化学防治。注重田间实地调查，掌握在始见幼虫危害时
立即进行药剂防治。幼虫处于初龄阶段，少数叶片上出现细小孔
道时，大部分幼虫尚未钻蛀隧道，药剂易发挥作用。此时及时使
用 1.8%阿维菌素乳油 2 000 倍液喷雾，以有机硅渗透剂辅之，
交替喷 2～3 次，每隔 7～10 天喷 1 次。如果危害较为严重，可
适当提高药剂浓度。注意交替使用药剂，各类农药使用严格按照
规定的安全间隔期进行。

第三节 蚕豆和豌豆主要草害及其防治

杂草适应性强，生长发育和繁殖迅速，大量消耗土壤水分和养分，并遮挡太阳光照，直接影响蚕豆和豌豆的生长发育，从而降低产量和品质。杂草也是病害媒介和害虫栖息的场所，在田间杂草丛生的情况下，常常引起病虫害的发生和流行。另外，杂草过多会影响田间管理，同时对蚕豆和豌豆收获工作也有很大影响。尤其在机械化栽培中，杂草会增大机械牵引的阻力和机械损耗。当田间杂草多时，应及时清除；否则，将会严重影响产量。

蚕豆和豌豆的田间杂草种类很多，主要有马唐、狗尾草、白茅、马齿苋、野苋菜、藜、铁苋菜、小蓟、大蓟、龙葵、牛筋草、画眉草、地锦等一年生杂草和香附子、小旋花、刺儿菜、节节草等多年生杂草。

防治田间杂草是促进蚕豆和豌豆正常生长发育、提高产量与品质的主要措施之一。生产中，除草一直是栽培管理上的重要环节。应根据田间杂草的发生种类、危害特点及相应的耕作栽培措施因地制宜，分别采取农业措施、化学除草剂、除草塑料薄膜以及其他新技术措施除草，综合搭配则防治效果更好。

一、主要杂草种类

1. 马唐

俗名抓地秧、爬地虎，属禾本科一年生杂草，遍布大江南北。在北方豆类产区，每年春季3—4月发芽出土，至8—10月发生数代，茎叶细长，当5～6片真叶时，开始匍匐生长，节上生不定根芽，不断长出新茎枝，总状花序，3～9个指状小穗排列于茎秆顶部，每株可产种子2.5万多粒。由于生长快，繁殖力特别强，能夺取土壤中大量的水肥，影响蚕豆和豌豆生根发棵和开花结实，造成大幅度减产。可采用扑草净、异丙甲草胺、甲草胺等化学除草剂防除。

2. 狗尾草

俗名谷莠子，属禾本科一年生杂草，在我国的蚕豆和豌豆产区均有分布。茎直立生长，叶带状，长 1.5～3 厘米，株高 30～80 厘米，簇生，每茎有一穗状花序，长 2～5 厘米，3～6 个小穗簇生，小穗基部有 5～6 条刺毛，果穗有 0.5～0.6 厘米的长芒，棒状果穗形似狗尾。每簇狗尾草可产种子 3 000～5 000 粒，种子在土中可存活 20 年以上。根系发达，抗旱耐瘠，生命力强，对蚕豆和豌豆生长影响甚大。可用甲草胺、乙草胺和异丙甲草胺等防除。

3. 蟋蟀草

俗名牛筋草，属禾本科一年生杂草，是我国主要的旱地杂草。每年春季发芽出苗，1 年可生 2 茬。夏、秋季抽穗开花结籽，每茎 3～7 个穗状花序，指状排列。每株结籽 4 000～5 000 粒，边成熟边脱落，种子在土壤中寿命可达 5 年以上。根系发达，须根多而坚韧，茎秆丛生而粗壮，很难拔除。耐瘠耐旱，吸水肥能力强。蚕豆和豌豆受其危害减产很大。可采用甲草胺、扑草净等防除。

4. 白茅

俗名茅草、甜草根，属禾本科多年生根茎类杂草。有长匍匐状茎横卧地下，蔓延很广，黄白色。茎秆直立，高 25～80 厘米。叶片条形或条状披针形。圆锥花序紧缩呈穗状，顶生，穗成熟后，小穗自柄上脱落，随风传播。茎分枝能力很强，即使入土很深的根茎也能发生新芽，向地上长出新的枝叶。多分布在河滩沙土处的蚕豆和豌豆产区。由于其繁殖力快、吸水肥能力强，严重影响蚕豆和豌豆产量的提高。采用噁草酮加大用药量防除，有很好的效果。

5. 马齿苋

俗名马齿菜，属马齿苋科，一年生肉质草本植物，茎枝匍匐

生长，带紫色，叶楔状、长圆形或倒卵形，光滑无柄。花 3～5
朵，生于茎枝顶端，无梗，黄色。蒴果圆锥形，盖裂种子很多，
每株可产 5 万多颗种子。马齿苋是遍布全国旱地的杂草。在北方
地区，每年 4—5 月发芽出土，6—9 月开花结实。根系吸水肥能
力强，耐旱性极强，茎枝切成碎块，无须生根也能开花结籽，繁
殖特别快，严重影响蚕豆和豌豆产量，要及时消灭。采用乙草胺
和西草净等化学除草剂，进行地膜覆盖，有较好的防除效果。

6. 野苋菜

俗名人腥菜，种类很多，主要有刺苋、反枝苋和绿苋，属苋
科一年生肉质野菜。茎直立，株高 40～100 厘米，有棱，暗红色
或紫红色，有纵条纹，分枝和叶片均为互生。叶菱形或椭圆形，
俯生或顶生穗状花序。每株产种子 10 万～11 万颗，种子在土壤
中可存活 20 年以上。野苋菜是我国旱地分布较广的一种杂草。
北方每年 4—5 月发芽出土，7—8 月抽穗开花，9 月结籽。由于
植株高、叶片大、根须多，吸水肥力强，遮光量大，对蚕豆和豌
豆危害严重。地膜栽培时，采用西草净、噁草酮、乙草胺等除草
剂均有很好的防除效果。

7. 藜

俗名灰灰菜，属藜科，是我国分布较广的一年生阔叶杂草。
在北方 4—5 月发芽出苗，8—9 月结籽，每株产籽 7 万～
10 万粒。种子可在地里存活 30 多年。由于根系发达、植株高
大、叶片多，吸水肥力强，遮光量大，种子繁殖力强，对蚕豆和
豌豆影响特别大。应及时采用乙草胺、西草净、噁草酮防除。

8. 铁苋头

俗名牛舌腺，属大戟科一年生双子叶杂草。铁苋头是我国旱
地分布较广的杂草，在北方春季 3—4 月发芽出苗。虽植株矮小，
但生命力强，条件适合时 1 年可生 2 茬，是棉铃虫、红蜘蛛的中
间寄主。应在春季采用化学除草剂防除，随时人工拔除，方可彻
底清除。用乙草胺、西草净等化学除草剂，防除效果好。

9. 小蓟和大蓟

俗名刺儿菜，属菊科多年生杂草，分布在全国各地。有根状茎，地上茎直立生长。小蓟株高 20～50 厘米，茎叶互生，在开花时凋落。叶矩形或长椭圆形，有尖刺，全缘或有齿裂，边缘有刺，头状花序单生于顶端，雌雄异株，花冠紫红色，花期在 4—5 月。主要靠根茎繁殖，根系很发达，可深达 2～3 米，由于根茎上有大量的芽，每处芽均可繁殖成新的植株，再生能力强。因其遮光性强，而且是蚜虫传播的中间寄主植物，对蚕豆和豌豆前中期生育影响很大。可应用乙草胺、西草净和噁草酮等化学除草剂防除。

10. 香附子

俗名旱三凌、回头青，属莎草科旱生多年生杂草。分布于我国沙土旱作蚕豆和豌豆产区。茎直立生长，高 20～30 厘米。茎基部圆形，地上部三棱形，叶片线状，茎顶有 3 个花苞，小穗线形，排列成复伞状花序，小穗上开 10～20 朵花，每株产 1 000～3 000 粒种子。有性繁殖靠种子，无性繁殖靠地下茎。地下茎分为根茎、鳞茎和块茎，繁殖力特别强。香附子在北方 4 月初块茎、鳞茎和少量种子发芽出苗，5 月大量生长，6—7 月开花，8—10 月结籽，并产生大量地下块茎。在生长季节，如果只锄去地上部植株，其地下茎 1～2 天就能重新出土，故称回头青。繁殖快，生命力强，对蚕豆和豌豆危害大。可用西草净、扑草净防除。

11. 龙葵

俗名野葡萄，属茄科一年生杂草，株高 30～40 厘米，茎直立，多分枝、枝开散。基部多木质化，根系较发达，吸水肥力强。植株占地范围广，遮光严重。龙葵喜光，适宜在肥沃、湿润的微酸性至中性土壤中生长。种子繁殖生长期长，在豆类田 5—6 月出苗，7—8 月开花，8—9 月种子成熟，植株至初霜时才能枯死，蚕豆和豌豆全生育期均遭其危害。可用乙草胺等化学除草剂防除。

二、农业措施除草

1. 合理轮作

轮作换茬，可从根本上改变杂草的生态环境，有利于改变杂草群体、降低伴随性杂草种群密度、恶化杂草的生态环境、创造不利于杂草生长的环境条件，是除草的有效措施之一。尤其是水旱轮作，效果更好。可与玉米、小麦、高粱、谷子、甘薯等作物轮作，轮作周期应不少于 3 年。

2. 深翻土地

深翻能把表土上的杂草种子较长时间埋入深层土壤中，使其不能正常萌发或丧失生命力，较好地破坏多年生杂草的地下繁殖部分。同时，将部分杂草的地下根茎翻至土表，使其冻死或晒干，可以消灭多种一年生和多年生杂草。

3. 施用充分腐熟的有机肥

有机肥中常混有大量具有发芽能力的杂草种子。土杂肥腐熟后，其中的杂草种子经过高温氨化，大部分丧失了生命力，可减轻危害。所以，施用充分腐熟的有机肥，是防治杂草的重要措施。

4. 中耕除草

在蚕豆和豌豆生育期间，分期适当中耕培土，是清除田间杂草的重要措施。尤其在东北春豆类区，是以垄作为主体的耕作栽培方式，分期中耕培土，对消除田间杂草具有更显著的作用。蚕豆和豌豆生长前期中耕除草，是常用的除草方法，是及时清除田间杂草、保证蚕豆和豌豆正常生长发育的重要手段。

三、化学除草剂除草

使用化学除草剂防治蚕豆和豌豆田间杂草，能大幅度提高劳动生产率，降低劳动强度。尤其对地膜覆盖蚕豆和豌豆田进行化学除草，可使一般机械难以除掉的株间杂草得以清除，也使传统的耕作栽培法得到了改进。由于田间除草剂种类繁多、各有特点，可根据蚕豆和豌豆田间杂草发生的具体情况选择除草剂品种。在使用过程中，严格遵循说明书要求，最好在喷施前先小面积试验，掌握最佳用量，以利于提高药效，防止药害发生。

1. 氟乐灵

乳剂，橙红色。又名茄科宁、氟特力。氟乐灵为进口产品，剂型较多，是一种选择性低毒除草剂。氟乐灵施入土壤后，潮湿和高温会导致其挥发，光解作用会加速药剂的分解速度导致其失效。适于播前土壤处理和播后芽前土壤处理。主要用于防除禾本科杂草，其防除杂草的持效期为3～6个月。氟乐灵有杀伤双子叶植物子叶和胚轴的能力，在杂草发芽时，直接接触子叶或被根部吸收传导，能抑制分生组织的细胞分裂，使杂草停止生长而死亡，具有高效安全的特点。无论露地栽培还是覆膜栽培，一定要先播种覆土再施药覆膜，以免伤苗。严格按照使用说明标准用药。兑水后均匀喷雾于地表，并及时交叉浅耙垄面，将药液均匀混拌入3厘米左右的表土层中。氟乐灵对一年生单、双子叶杂草都有较好的防效。对马唐、蟋蟀草、狗尾草、画眉草、千金子、稗草、碎米莎草、早熟禾、看麦娘等一年生杂草有显著防效。兼防苋菜等阔叶杂草，为了扩大杀草谱，兼治阔叶类杂草，可与灭草猛、嗪草酮、灭草丹、甲草胺、噁草酮等除草剂混用，每亩用48％氟乐灵乳油80～120毫升，兑水40～50千克后均匀喷雾。

2. 扑草净

扑草净是一种内吸传导型选择性低毒除草剂，对金属和纺织品无腐蚀性；遇无机酸、碱分解；对人、畜和鱼类毒性很低。国产可湿性白色粉剂，剂型较多。能抑制杂草的光合作用，使之因生理饥饿而死。对杂草种子萌发影响很小，但可使萌发的幼苗很快死亡。主要防除马唐、稗草、牛毛草、鸭舌草等一年生单子叶杂草和马齿苋等一年生双子叶恶性杂草，以及部分一年生阔叶类杂草及部分禾本科、莎草科杂草，中毒杂草产生失绿症状，逐渐干枯死亡，对蚕豆和豌豆安全。扑草净是一种芽前除草剂，于蚕豆和豌豆播后出苗前使用，田间持效期40～70天。适于播前土壤处理和播后芽前土壤处理。每亩用80%扑草净可湿性粉剂50～70克，兑水50千克后均匀喷雾。严格按照使用说明标准用药，使用前，将扑草净兑水后搅拌，使药粉充分溶解，于蚕豆和豌豆播种后均匀喷于垄面，随即覆盖地膜。其他措施同氟乐灵。扑草净还可与甲草胺混合使用，效果很好。

注意事项：①药量要称准，土地面积要量准，药液喷洒要喷匀，以免产生药害。②该除草剂在低温时效果差，春播蚕豆和豌豆可适当加大药量。气温高过30℃时，易发生药害。因此，夏播蚕豆和豌豆要减少药量或不用。

3. 灭草丹

灭草丹主要防除一年生禾本科杂草、香附子和一些阔叶类杂草，田间持效期40～60天。每亩用70%灭草丹乳油180～250毫升，兑水50千克后均匀喷雾。其他措施同氟乐灵。

4. 乙草胺

乙草胺又名绿莱利、消草安。乳油制剂，国产除草剂，是一种低毒性除草剂，对人、畜安全。主要原理是抑制和破坏杂草种子细胞蛋白酶。单子叶禾本科杂草主要由芽鞘将乙草胺吸入株体；双子叶杂草主要由幼芽、幼根将乙草胺吸入株体。被杂草吸收后，可抑制芽鞘、幼芽和幼根的生长，致使杂草死亡。但蚕豆和豌豆吸收后能很快将其代谢分解，不产生药害而安全生长。主要防除马唐、稗草、狗尾草、早熟禾、蟋蟀草、野藜等一年生禾本科杂草，对野苋菜、马齿苋防效也很好，对多年生杂草无效。在土壤中的持效期为8～10周。

乙草胺为芽前选择性除草剂，必须在蚕豆和豌豆播种后出苗前喷施于地面，覆盖地膜栽培比露地栽培防效高。覆盖地膜栽培每亩用药量为900克/升乙草胺乳油50～100毫升，兑水30～60千克；露地栽培每亩用药量为150～200毫升，兑水50～75千克，搅拌使药液乳化。于豆类播种后，整平地面，将药液全部均匀地喷施于垄面。地膜栽培，于喷药后立即覆盖地膜；蚕豆和豌豆出苗后，可与吡氟氯禾灵混合喷洒地面，既抑制了萌动但尚未出土的杂草，又杀死了已出土的杂草，提高了防效。

注意事项：①乙草胺的防效与土壤湿度和有机质含量关系很大，覆盖地膜栽培和沙地用药量应酌情减少，露地栽培和肥沃黏壤土地用药量可酌情增加。②黄瓜、水稻、菠菜、小麦、韭菜、谷子和高粱等粮菜作物对其敏感，切忌施用。③对人、畜和鱼类有一定毒性，施用时，要远离饮水、河流、池塘及粮食饲料等，以防污染。④对眼睛、皮肤有刺激性，应注意防护。⑤有易燃性，储存时，应避开高温和明火。

5. 甲草胺

又名拉索、草不绿，剂型较多。甲草胺是一种播后芽前施用的选择性除草剂，其药效主要是通过杂草芽鞘被吸入植物体内而杀死苗株。一次施药可控制蚕豆和豌豆全生育期的杂草，同时不影响下茬作物生长。对人、畜毒性很小，持效期为 2 个月左右。主要防除一年生禾本科杂草及异型莎草等。对马唐、狗尾草等单子叶杂草防效较高，对野苋菜、藜等双子叶杂草防效较低。甲草胺是蚕豆和豌豆地膜栽培大面积应用的除草剂之一。甲草胺为芽前除草剂，在蚕豆和豌豆播种后出苗前，覆盖地膜栽培每亩用48％甲草胺乳剂 150 毫升，露地栽培每亩用 200 毫升。用时兑水50～75 千克均匀搅拌为乳液，充分乳化后喷施。露地栽培的蚕豆和豌豆播种覆土耙平后至出苗前 5～10 天均匀喷洒地面，禁止人、畜进地践踏；覆膜的蚕豆和豌豆要在播种覆土后立即喷药，药液要喷匀、喷严，要把全部药液喷完，然后覆膜，膜与地面要贴紧、压实，以保持土壤温度、湿度。土壤保持一定湿度更能发挥其杀草效能，因此，施用甲草胺的效果覆膜栽培好于露地栽培。南方蚕豆和豌豆产区气候湿润，可露地栽培施用。北方气候干燥，可覆膜施用。

另据试验，在野苋菜、马齿苋、苍耳、龙葵等双子叶阔叶杂草较多的田块，可将甲草胺与扑草净等除草剂混用以扩大杀草谱，提高除草率。

注意事项：①该乳剂对眼睛和皮肤有一定刺激作用，如溅入眼内和溅在皮肤上，要立即用清水洗干净。②能溶解聚氯乙烯、丙烯腈等塑料制品，需用金属、玻璃器皿盛装。③遇冷（低于0℃）易出现结晶，已结晶的甲草胺在15～20℃时可再溶化，对药效没有影响。

6. 噁草酮

又名农思它、恶草灵，为进口产品，剂型较多。噁草酮对人、畜、鱼类和土壤、农作物低毒低残留，施用安全。噁草酮是芽前和芽后施用的选择性除草剂。芽前施用主要是杀死杂草的芽鞘；芽后施用主要是通过杂草地上部芽和叶进入株体，使之受阳光照射后死亡。主要防除一年生禾本科杂草和部分阔叶类杂草，对马唐、牛毛草、狗尾草、稗草、野苋菜、藜、铁苋头等单、双子叶杂草都有较好的防效，兼治香附子、小旋花等多年生杂草，对多年生禾本科杂草雀稗也有很好的杀灭效果，总杀草率达94.5%～99.5%。如果土壤湿度条件较好，加大用药量，对白茅草和节节草等多年生恶性杂草也有很好的防除效果。在土壤中的持续有效期为80天以上。蚕豆和豌豆芽前喷施后，苗期杀草率达98.1%，开花下针期杀草率达99.4%。噁草酮在苗后喷施，对整株的酢浆草和田旋花灭除特别有效。苗后喷施对禾本科杂草灭除效果一般。

噁草酮对杂草的防效主要在芽前发挥，因此，施药应在蚕豆和豌豆播种后出苗前进行，一般不采取芽后施药。覆盖地膜田块由于保持土壤湿润，杀草效果优于露地栽培。每亩施药量以12%噁草酮乳油150～175毫升，或25%噁草酮乳油75～150毫升为宜，兑水50～75千克，在蚕豆和豌豆播种后覆膜前均匀喷施于地面。

注意事项：①噁草酮对人、畜毒性虽小，但切忌吞服。如溅到皮肤上，应以大量肥皂水冲洗干净；溅到眼睛里，用大量干净的清水冲洗。②噁草酮易燃，切勿存放在热源附近。③使用的喷雾器械要充分冲洗干净，才能用来喷施噁草酮。

7. 异丙甲草胺

又名屠莠胺、杜尔、金都尔。金都尔为进口的 72％异丙甲草胺乳油，是蚕豆和豌豆地膜覆盖栽培大面积应用的一种芽前选择性除草剂。主要通过芽鞘或幼根进入株体，杂草出土不久就被杀死，一般杀草率为 80％～90％。对马唐、稗草等一年生单子叶杂草，防效达 90.7％～99.0％；对荠菜、野苋、马齿苋等双子叶杂草，防效为 66.5％～81.4％。在蚕豆和豌豆播前施用后的持效期为 3 个月。蚕豆和豌豆封垄后对行间的禾本杂草仍有防效，3 个月后药力活性自然消失，对后茬禾本科作物无影响。

在蚕豆和豌豆播种后覆膜前地面喷施，每亩用量以 100～150 毫升为宜。沙土地或覆膜条件下的蚕豆和豌豆栽培，用量可少些；露地栽培或土层较黏的地块及旱地，用量可多些；水田地蚕豆和豌豆，用量可少些。用适量除草剂兑水搅匀后，喷施蚕豆和豌豆田块，要均匀地将药液全部喷完。

注意事项：①易燃，储存时温度不要过高。②严格按推荐用量喷药，以免蚕豆和豌豆出现药剂残留问题。③无专用解毒药剂，施用时要注意安全。

8. 二甲戊灵

主要防除一年生禾本科杂草及部分阔叶类杂草。每亩用 33％二甲戊灵乳油 150～250 毫升。二甲戊灵为蚕豆和豌豆播后芽前除草剂，其防除效果与土壤湿度密切相关，土壤湿润时，药剂易扩散，杂草萌发齐而快，防除效果好；土壤干旱、墒情差时，药剂不易扩散，防除效果差。因此，在土壤墒情差时，可结合浇水或加大喷水量（药量不变），从而提高药效。苗后茎叶喷雾。

9. 丙炔氟草胺

主要防除阔叶类杂草及部分禾本科杂草，每亩用50%丙炔氟草胺可湿性粉剂8~12克，兑水50千克，均匀喷于地表。为扩大杀草谱，可与乙草胺、异丙甲草胺混用。

10. 吡氟氯禾灵

吡氟氯禾灵是一种芽后选择性低毒除草剂，主要用于防除一年生和多年生禾本科杂草，尤其对抽穗前的一年生和多年生禾本科杂草防除效果很好，对阔叶杂草和莎草无效。蚕豆和豌豆2~4叶期、禾本科杂草3~5叶期施药。防除一年生禾本科杂草，每亩用10.8%吡氟氯禾灵高效乳油20~30毫升，喷雾于杂草茎叶，干旱情况下可适当提高用药量；防除多年生禾本科杂草，每亩用30~40毫升。当蚕豆和豌豆与禾本科杂草及苋、藜等混生时，可与苯达松、杂草焚混用，扩大杀草谱，提高防效。

11. 烯草酮

主要防除一年生和多年生禾本科杂草，于杂草2~4叶期施药。每亩用12%烯草酮乳油30~40毫升，兑水30~40千克，晴天上午喷雾。

12. 吡氟禾草灵

主要防除禾本科杂草。每亩用35%吡氟禾草灵乳油或15%精吡氟禾草灵乳油50~70毫升，防除一年生禾本科杂草；80~120毫升，防除多年生禾本科杂草。为扩大杀草谱，可与苄密磺隆或苯达松混用，方法同吡氟氯禾灵。

13. 普杀特

又名豆草唑。普杀特为低毒除草剂，是选择性芽前和早期苗后除草剂，适于豆科作物防除一年生、多年生禾本科杂草和阔叶杂草等，杀草谱广。在蚕豆和豌豆播后出苗前喷施于土壤表面，也可在蚕豆和豌豆出苗后茎叶处理。在单子叶、双子叶杂草混生的蚕豆和豌豆田块，可与二甲戊灵或乙草胺混合施用，提高药效。

四、塑料薄膜除草

除草药膜是含除草药剂的塑料透光薄膜，其制作方法是将除草剂按一定的有效成分含量溶解后，均匀涂压或喷涂至塑料薄膜的一面。在蚕豆和豌豆播种后，覆盖在土壤表面封闭播种行，然后打孔点播或者破孔出苗，药膜上的药剂在一定湿度条件下，与水滴一起转移到土壤表面或下渗至一定深度，形成药层发挥除草作用。使用除草药膜，不需喷除草剂，不需准备药械，工序简单，不仅省工、除草效果好、药效期长，而且残留量明显低于直接喷除草剂覆盖普通地膜。

1. 甲草胺除草膜

每 100 米^2 含药 7.2 克，除草剂单面析出率在 80% 以上。经各地使用，对马唐、稗草、狗尾草、画眉草、莎草、藜、苋等杂草的防治效果在 90% 左右。

2. 扑草净除草膜

每 100 米^2 含药 8 克，除草剂单面析出率在 70%～80%。适于防除蚕豆和豌豆田以及马铃薯、胡萝卜、番茄、大蒜等蔬菜田的主要杂草，防治一年生杂草效果很好。

3. 异丙甲草胺除草膜

有单面有药和双面有药 2 种。单面有药应注意使用时药面朝下。对蚕豆和豌豆田的禾本科杂草及部分阔叶杂草防除效果很好，防治效果在 90% 以上。

4. 乙草胺除草膜

杀草谱广，对蚕豆和豌豆田块的马唐、牛筋草、铁苋菜、苋菜、马齿苋、莎草、刺儿菜、藜等，防治效果高达 100%，是蚕豆和豌豆田除草药膜中较理想的一种。

5. 有色膜除草

有色膜是不含除草剂、基本不透光的塑料薄膜，有色膜利用基本不透光的特点，使部分杂草种子不能发芽出土，即便部分杂草种子能发芽出土，不见阳光也不能生长。用于生产的有色膜主要包括黑色地膜、银灰地膜、绿色地膜、黑白相间地膜等。有色膜除草效果也较好，尤其对夏季蚕豆和豌豆田杂草防除效果突出。据试验测定，其除草效果达100％。在除草的同时，采用银灰膜还可驱避豆蚜等害虫。黑色膜既可以除草，还可以提高地温、增加产量。由于有色膜无化学除草剂，所以无毒、无残留，适于生产绿色食品和有机食品，是农业可持续发展的理想产品。

在覆盖除草药膜时，蚕豆和豌豆垄必须耙平、耙细，膜要与土贴紧，注意不要用力拉膜，以防影响除草效果。

主要参考文献 REFERENCES ////////////

陈新，2012. 豆类蔬菜生产配套技术手册 [M]. 北京：中国农业出版社.

程须珍，2016. 豌豆生产技术 [M]. 北京：北京教育出版社.

丁振彪，沙恒，2021. 浅谈小型播种机的发展趋势 [J]. 南方农机，52 (19)：43-45.

关桂娟，2022. 高速气力式播种机技术特征与规范作业注意事项 [J]. 农机使用与维修 (3)：85-87.

何新如，孟祥雨，赵丽萍，2014. 耕整地机械发展现状分析 [J]. 山东农机化 (6)：24-25.

雷智高，李向春，何兴村，等，2021. 翻转犁的研究现状与展望 [J]. 安徽农业科学，49 (3)：217-221.

李浩，沈卫强，班婷，2018. 我国秸秆利用技术及秸秆粉碎设备的研究进展 [J]. 中国农机化学报，39 (1)：17-21.

李华英，黄文涛，杨成灿，等，1990. 中国蚕豆（*Vicia Faba L.* ）种植地区分布及其生产区划 [J]. 青海农林科技 (2)：1-6.

李江国，刘占良，张晋国，等，2006. 国内外田间机械除草技术研究现状 [J]. 农机化研究 (10)：14-16.

李浪，2022. 有机肥撒施机的设计与试验 [D]. 太原：山西农业大学.

李迎春，2014. 蚕豆的机械化生产技术及效益分析 [J]. 农业开发与装备 (6)：94.

李增宏，2007. 旋耕机的类型和构架的研究推广分析 [J]. 农业技术与装备 (12)：25-26.

李振，2014. 中耕追肥机施肥铲的设计与试验研究 [D]. 哈尔滨：东北农业大学.

李正仁，2023. 固体有机肥撒肥机设计 [J]. 农机使用与维修 (1)：25-27.

马海青，2022. 互助县蚕豆生产全程机械化技术试验研究 [J]. 青海农技推广 (4)：64-68.

马卫东，2021. 农业机械深松深翻技术推广研究 [J]. 河北农机 (8)：7-8, 15.

曲小明，于洪雷，2022. 农业深松机械的研究现状与发展趋势［J］. 农机使用与维修（10）：55-57.

王雅明，袁国伦，2022. 秸秆机械化粉碎技术特征与专用机具研究进展［J］. 农机使用与维修（4）：41-43.

魏强，祁亚卓，相姝楠，2015. 国内外精量播种机的发展现状简介［J］. 农机质量与监督（10）：18.

谢婉莹，马少辉，赵丽，2023. 秸秆粉碎设备的研究现状与技术分析［J］. 新疆农机化（5）：14-17，24.

许林英，等，2023. 豆类蔬菜品种与高产栽培技术［M］. 北京：中国农业出版社.

薛亚军，贺福强，李赟，等，2021. 翻转犁结构设计及支架优化［J］. 农机化研究，43（7）：33-40.

杨光，陈巧敏，夏先飞，等，2021.4DL-5A 型蚕豆联合收割机关键部件设计与优化［J］. 农业工程学报，37（23）：10-18.

杨光，陈巧敏，肖宏儒，等，2019. 蚕豆脱粒设备研究现状及发展趋势［J］. 中国农机化学报，40（3）：78-83.

杨柳，杨莎，杨璎珞，2022. 离心式双圆盘撒肥机的设计［J］. 南方农机，53（14）：18-19，26.

杨涛，孙付春，黄尔宇，等，2017. 秸秆粉碎技术及设备的研究［J］. 四川农业与农机（3）：39-41.

姚爱萍，傅剑，冯洋，等，2019. 有机肥撒肥机的现状分析与思考［J］. 农业开发与装备（3）：97-98.

袁昌富，李景斌，李树峰，等，2016.2BMF-6 机械式免耕精量播种机的设计［J］. 农机化研究，38（10）：118-122.

袁守利，陈昌，董柯，2015.3WPZ-500 自走式喷杆喷雾机液压系统设计［J］. 武汉理工大学学报（信息与管理工程版），37（6）：855-859.

曾晨，李兵，李尚庆，等，2016.1WG-6.3 型微耕机的设计与实验研究［J］. 农机化研究，38（1）：132-137.

张丽娜，2022. 耕整地机械的作业现状及发展方向分析［J］. 农机使用与维修（6）：48-50.

赵继云，王晓燕，王杰，等，2020. 豌豆机械化收获技术研究现状与研究趋势［J］. 农机化研究，42（5）：1-6.